Das erste Rechenbuch

Rechnung auff der linihen

gemacht durch Adam Riesen vonn Staffel/ steyn/ in massen man es pflegt tzu lern in allen rechenschulen gruntlich begriffen anno 1518. vleysigklich vberlesen/ vnd zum andern mall in trugk vorfertiget.

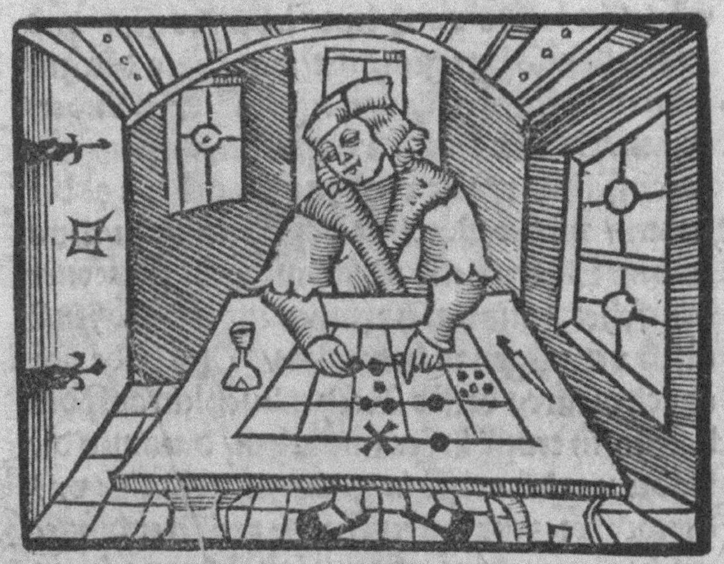

¶ Getruckt zu Erffordt zcum Schwartzen Horn.
1525.

Christiane und Kai Brodersen

Adam Ries

Das erste Rechenbuch (Erfurt 1525)

Faksimile, Transkription und Übertragung

Kartoffeldruck-Verlag
Speyer 2018

Byt derhalben eynen ytzlichen lyebhaber dysßer kunst /
Der sollichs lesen ist /
ob yrgent etwas zu viel / odder wenig gesatzt /
das selbige gutlichenn rechtfertigenn.

Wie Adam Ries (s. u. S. 132/133) bitten wir um Korrekturhinweise:
Kai Brodersen, Antike Kultur, Universität Erfurt, 99105 Erfurt
kai.brodersen@uni-erfurt.de

1. Auflage

www.kartoffeldruck-verlag.de
ISBN 978-3-939526-38-4

Inhaltsverzeichnis

Einführung

Rechnen vor 500 Jahren

»Rechnung auff der linihen, gemacht durch Adam Riesen vonn Staffelsteyn, in massen man es pflegt tzu lern in allen rechenschulen gruntlich begriffen anno 1518« – so beginnt die Titelseite des ersten Rechenbuchs von Adam Ries (der auch als Adam Riese bekannt ist). Erhalten ist nur die Neuausgabe, deren Titel hinzufügt, das Buch sei »vleysigklich vberlesen vnd zum andern mall in trugk vorfertiget« und »Getruckt zu Erffordt zcum Schwartzen Horn. 1525.«

Vor 500 Jahren also, 1518, hat Adam Ries in Erfurt ein Rechenbuch vorgelegt, das sieben Jahre später in einer korrigierten Neuausgabe erschien. Während von der Erstausgabe kein Druck erhalten geblieben ist, sind heute zwei Exemplare der gedruckten Neuausgabe bekannt: Eines liegt in der *Commerzbibliothek* der Handelskammer Hamburg und hat dort die Zeitläufte, wenn auch mit Verlusten, überstanden. Das andere, vollständige, ist 1908 von einem Frankfurter Antiquariat an den amerikanischen Sammler George Arthur Plimpton (1855–1936) verkauft worden, dessen Bibliothek später an die *Rare Book and Manuscript Library* der Columbia University in New York übergeben wurde.

Diese Bibliothek hat für den vorliegenden Band neue Photographien ihres Exemplars hergestellt und deren Wiedergabe genehmigt. So kann das einzige ganz erhaltene Exemplar des Rechenbuchs im vorliegenden Band nicht nur transkribiert und übertragen, sondern auch vollständig neu faksimiliert werden.

Der Autor und sein Werk

Adam Ries stammte aus Staffelstein in Franken und wurde dort 1492 geboren; über sein frühes Leben ist nur wenig bekannt. Wohl um 1518 kam er nach Erfurt, einer seinerzeit reichen Handels- und Bildungsstadt, die seit 1379 als dritte im deutschsprachigen Raum nach Prag (1348) und Wien (1365) über das Privileg der Gründung einer Universität verfügte; die Universität Erfurt gilt damit als die älteste Universität im heutigen Deutschland. Erfurts Bürgerschaft hatte das Privileg während des Großen Abendländischen Schismas (1378–1417) von Papst Clemens VII. in Avignon, nicht von Papst Urban VI. in Rom erhalten, der es aber zehn Jahre später bestätigte; 1392 wurde dann der Studienbetrieb aufgenommen. Als Ries nach Erfurt kam, stand die Universität in Blüte. Einige Jahre zuvor, 1501, hatte sich an ihr etwa ein »Martinus Ludher ex Mansfeld« immatrikuliert, der in Erfurt 1502 den akademischen Grad des Baccalaureus Artium (B. A.), 1505 den des Magister Artium (M. A.) und 1509 die Promotion (Dr.) erlangte und als Martin Luther (1483–1546) der Reformator der Kirche werden sollte.

Nicht zum Lehrprogramm einer frühneuzeitlichen Universität, an der höhere Mathematik durchaus gelehrt wurde, gehörte die angewandte Mathematik, so praktisch notwendig ihre Kenntnis für Handel und Wandel auch gewesen sein muss. In diesem Metier war Ries bei seiner Ankunft in Erfurt um 1518 bereits so gut gebildet, dass er selbst Unterricht erteilte, aber eben nicht an der Universität, sondern in seiner privaten Rechenschule. Mit Gelehrten der Universität verband ihn freilich manche Freundschaft, so mit dem etwas älteren Georg Sturtz (auch Stortz geschrieben, 1490–1548); dieser stammte aus Buchholz (bei Annaberg) im Erzgebirge, wo sein Vater in der durch den Silberbergbau rasch reich gewordenen Stadt Grubenbesitzer war (und später Bürgermeister werden sollte). Sturtz hatte in Annaberg die Lateinschule besucht und war 1505 an die Universität Erfurt gekommen, wo er ein Jahr später den akademischen Grad des B. A. und nach Wanderjahren dann 1521 den Grad des M. A. erwarb; 1523 war Sturtz Rektor der

Universität, später sollte er als Arzt und Apotheker wirken und u. a. Martin Luther behandeln, als dieser 1537 in Schmalkalden erkrankte.

Als Universitätsstadt war Erfurt außerdem Sitz mehrerer Druckereien, die meist nach den Hausnamen bezeichnet wurden. Im Haus zum Färbefaß etwa (heute Pergamentergasse 16) wirkte Johannes Loerfeldt, im Haus zum Schwarzen Horn (heute Michaelisstraße 48) Mathes Maler. 1524 publizierten beide Drucker nacheinander das erste evangelische Gesangbuch, das Erfurter »Enchiridion«.

Ein Jahr später erschien bei Mathes Maler die Neuausgabe des *ersten* Rechenbuchs von Adam Ries. Die erste Ausgabe war wohl auf Vermittlung und Betreiben von Sturtz zwischen dem im Titel genannten Entstehungsjahr 1518 und dem als Erscheinungsjahr der Neuauflage genannten Jahr 1525 gedruckt worden. Bereits 1522 kam aber das *zweite* Rechenbuch von Ries heraus, das neben dem Rechnen auf der Linie (dazu gleich mehr) auch das seinerzeit als recht kompliziert geltende, uns heute aber vertrautere schriftliche Rechnen präsentierte; die 1525 gedruckte Neuausgabe des ersten Rechenbuchs bietet übrigens bis auf eine nur Exempel, die auch das zweiten Rechenbuchs enthält (vgl. die Konkordanz am Ende des vorliegenden Bandes). Dass drei Jahre später dann bei Maler die Neuauflage des *ersten* Rechenbuchs erschien, das ausschließlich das Rechnen auf Linien vorstellt, zeugt davon, dass dieses Buch gerade in der Beschränkung auf die traditionelle Methode des Rechnens weiterhin von großem praktischen Nutzen war. Schon zwei Jahre danach, 1527, brachte Maler eine dritte und 1530 eine vierte Auflage dieses ersten Rechenbuchs heraus. Erst später setzte sich das von Ries im zweiten Rechenbuch präsentierte schriftliche Rechnen »mit der Feder« durch. 1550 legte Ries dann ein *drittes* Rechenbuch vor; über die bibliographischen Details informiert der Anhang des vorliegenden Bandes.

Im Jahr (oder kurz vor dem Jahr) 1524 verließ Ries Erfurt und übernahm das Amt des Annaberger »Rezeßschreibers« in der Heimat seines Freundes Sturtz (der Erfurt ein Jahr später ebenfalls verließ, vielleicht wegen der Unruhen im Zusammenhang mit dem heute so genannten Bauernkrieg); zu den Zuständigkeiten von Ries in Annaberg gehörte die Gewinn- und Verlustrechnung der Silbergruben. Der in Erfurt 1525 publizierte Neudruck des ersten Rechenbuchs isr Urban Osan gewidmet, dem Amtsverweser (Stadtoberhaupt) von Annaberg. Hier führte Ries ebenfalls eine Rechenschule (heute Johannisgasse 23 und Sitz des Adam-Ries-Museums) und schuf weitere mathematische Werke, hier heiratete er und hier und in benachbarten Orten lebte er als hochgeachteter Bürger bis zu seinem Tod 1559.

Die Rechenbücher von Adam Ries blieben noch lange in Gebrauch. Allein vom zweiten Rechenbuch sind bis in die Mitte des 17. Jahrhunderts über 100 Auflagen nachgewiesen. Sie belegen, wie sich schließlich das schriftliche Rechnen »mit der Feder« durchsetzte, und begründen den bis heute andauernden Nachruhm des Adam Ries.

Das erste Rechenbuch

Das erste Rechenbuch von Adam Ries ist in der ältesten erhaltenen Auflage von 1525 gerahmt von einem Titelblatt und einer Widmung am Anfang und einer »Resolvierung« (einer Auflösung der Maßangaben) und einer kurzen Schlussbemerkung am Ende. Im Hauptteil bietet es zunächst Angaben zum »Nummerieren« (also zum Zählen) und zum Linienrechnen, dann Kapitel zu den Grundrechenarten Addieren und Subtrahieren, Duplieren (Verdoppeln) und Medieren (Halbieren), Multiplizieren und Dividieren. Jedes dieser Kapitel endet mit einer »Proba«, also der Umkehrung des Rechenwegs zur Überprüfung der Korrektheit der Rechnung.

Es folgen eine Übersicht zu Zahlenreihen, als »Progressio« (lateinisch *progressio*, »Fortschreiten«) bezeichnet, und eine ausführliche Darlegung von »Detri« (lateinisch *regula de tribus*, »Regel über drei«), also von Dreisatz-Aufgaben. Bei diesen ist aus drei gesetzten Werten – darauf bezieht sich der heutige Begriff »Dreisatz« – ein vierter zu ermitteln. Im Druck von 1525 ermöglicht eine Vielzahl von Exempeln das Einüben der Rechenwege zum Multiplizieren und Dividieren sowie zum Dreisatz, für den »aus dem anderen Büchlein«, also offenbar aus dem oben genannten zweiten Rechenbuch von 1522, auch Aufgaben zum Geldwechsel, Fernhandel, Silber- und Goldrechnung, Gesellschafts- und schließlich Tauschrechnung entnommen sind.

Alle Exempel beginnen jeweils mit »Item« (lateinisch *item*, »ebenso«, wird in Aufzählungen als Kennwort für den Beginn einer neuen Einheit verwendet und ist noch heute im englischen Begriff »item« präsent); zur einfacheren Bezugnahme sind sie in der vorliegenden Ausgabe nach dem Vorschlag von Stefan Deschauer (1992, 12) durchnummeriert; diese moderne Zählung erscheint dabei in doppelten runden Klammern. Die Exempel bieten sodann Angaben zum Gegebenen, zum Gesuchten (»Wie kommt?« »Wie macht?« usw.) und zum Ergebnis (»Facit«). Der anschließend dargelegte Rechenweg (»Mache es wie folgt« oder »Tue dafür wie folgt«) dient also nicht zum Finden des Ergebnisses, das ja vorab angegeben ist, sondern zur Einübung.

Der Rechenweg verläuft beim Dreisatz wie folgt: Drei Werte sind gesetzt, der vierte ist gesucht. Gesetzt werden die gegebenen Werte in der Reihenfolge *vorne – mitten – hinten* (v – m – h), dabei gehören v und h zur gleichen Einheit (etwa zum Gewicht), m zur anderen (etwa zum Preis). Die Werte v und m sind einander zugeordnet (etwa der Preis für ein bestimmtes Gewicht), zu h sucht man die Entsprechung für m (etwa den Preis für das Gesamtgewicht). Der Rechenweg fordert (anders als heute beim Dreisatzrechnen üblich) erst die Multiplikation h mal m, dann die Division dieses Betrags $h \cdot m$ durch v. Damit wird erreicht, dass zunächst möglichst große Zahlen gebildet werden und nicht mit Bruchzahlen operiert werden muss.

Gerechnet werden kann nämlich nur mit ganzen Zahlen (Brüche erscheinen allenfalls als Ergebnis). Maßangaben mit unterschiedlichen Einheiten, etwa Gewichte, Längen, Rauminhalte oder Geldbeträge, werden deshalb in die jeweils kleinste Einheit umgewandelt und gemischte Zahlen (etwa 3½) in Brüche (7/2). Wenn in der Mitte und/oder hinten ein Bruch steht, wird jeder Bruch sowie die vordere Zahl mit dem jeweiligen Nenner multipliziert (»gehe ins Vordere«, »nach vorne«, »hervor«). Erst nach dem Abschluss der Berechnung werden die Einheiten so umgewandelt, dass wieder die jeweils größten möglichen Einheiten gewonnen werden.

Erfurt in der frühen Neuzeit

Das erste Rechenbuch des Adam Ries war nicht nur für die Zeitgenossen von großem praktischem Nutzen, sondern ist heute auch als historisches Dokument von besonderem Wert: In rund 80 seiner 130 Exempel nennt es Waren oder Situationen, mit denen oder in denen gerechnet werden soll, und führt uns so ganz unmittelbar in das Erfurt jener Zeit.

Gehandelt wurde mit Naturprodukten wie Wein (4, 13, 40, 41, 54), Öl (88), Honig (89) und Wachs (3, 12, 22, 26, 34, 55, 65, 91, 113, 114, 130), mit Zwiebelsamen (51), Getreide (8), Korn (5, 42, 98) und Brot (98), mit Nutztieren wie Huhn (59), Ochse (67) und Pferd (60) sowie mit eingelegtem Hering (18, 127). Hinzu kommen Seife (90), rote Farbe (15), Unschlitt (Rindertalg, den man zur Herstellung von Seife, von Kerzen und zum Gerben nutzte; 33, 87, 112), Alaun (das vor allem beim Gerben und Färben sowie in der Papierherstellung gebraucht wurde; 85), Kalmus (dessen aus den Wurzeln gewonnenes Öl als »deutscher Ingwer« galt und für Magenbitter-Liköre und Heilmittel verwendet wurde; 79) und Weinstein (ein Backtrieb- und Heilmittel; 84).

Von Bedeutung waren auch Leder und Textilien: Genannt werden Kalbfell (64) und Leder (63), Schafwolle (82), Baumwolle (81), Leinwand (58), Gewand (106), Tuch (19, 21, 97, 99) und Samt (95, 96). Aus dem Fernhandel bezieht man Mandeln (80), Feigen (86), Lorbeer (83), Nelken (107, 115), Pfeffer (75, 110, 128), Ingwer (76, 92, 115, 130) und

Safran (17, 77, 78, 93, 108, 115). Auf dem Transport beschädigte oder sonst verunreinigte, aber noch handelsfähige Ware bezeichnet man mit dem Begriff »Fusti«. An Metallen findet man Messing (111) und Zinn (109), Silber (117–120) und Gold (121–124).

Auch Dienstleistungen von Knechten (61) und Arbeitern (9, 10) werden berechnet, ebenso die Kosten für Pferdefutter (62) und Fuhrlohn (116, 128). Die gerechte Aufteilung von Geldbeträgen auf Kinder (16) und Gesellschafter (14, 125, 126) wird ebenfalls behandelt, in der einzigen Aufgabe aus der heute so genannten Unterhaltungsmathematik auch die Verteilung von Tänzern (129). Dabei werden wiederholt Brüche genannt, deren Summe nicht 1 ist, so dass sie nicht Anteile angeben, sondern Verhältnisse. So nennt Ries für drei Gesellschafter 1/3, 1/4 und 1/7 (127). Diese Brüche sind, auf einen Nenner (3·4·7 = 84) gebracht, gleich 28/84, 21/84 und 12/84, verhalten sich also zueinander wie 28 zu 21 zu 12. Will man dieses Verhältnis in Anteile umsetzen, muss man als Nenner nicht 84, sondern die Summe 28 + 21 + 12 = 61 verwenden und kommt auf 28/61, 21/61 und 12/61, zusammen 61/61, also auf die Summe 1. Analoges gilt für die Relationen 1/3, 1/5 und 1/9 (128) und für 1/4, 1/6, 1/8 und 3/4 (129).

Wie weit der Handel reicht, zeigen die erwähnten Orte: So erscheinen wiederholt die Handelsstädte Leipzig, Nürnberg und Preßburg (heute Bratislava in der Slowakei) sowie als Herkunftsorte von Gewand Brügge (Brugge / Bruges in Belgien), von Nelken und Safran Venedig (Venezia in Italien), von Wachs Breslau und Krakau (Wrocław und Kraków in Polen) sowie von Zinn Eger (Cheb in Tschechien).

Rechenaufgaben für Handel und Wandel

Der frühneuzeitliche Handel war wegen lokal unterschiedlicher Gewichts- und Währungssysteme und wegen der nichtdezimalen Maßverhältnisse besonders kompliziert. Zwar gilt 1 »Techer« (Zehner) als 10 »Messer« (Maßeinheiten), doch nutzt man auch Begriffe wie

»Schock« für 60. Kompliziert waren die Verhältnisse beim Münzgeld, das Adam Ries in den ersten 67 Exempeln zugrundelegt: Bei der »Muntz« hatte 1 Floren (Gulden) 21 Groschen, 1 Groschen 12 Pfennig (also hatte 1 Floren 252 Pfennig) und 1 Pfennig 2 Heller. Schilling kennt dieses Währungssystem nicht, wohl aber außer dem schon Genannten das Pfund zu 30 Pfennig und den Ort zu ¼ Floren (also 5 Groschen und 3 Pfennig oder aber 63 Pfennig). Um in diesem System zu möglichst übersichtlichen Ergebnissen zu kommen, musste man also am Ende der Berechnung je 12 Pfennig zu einem Groschen zusammenfassen (»mit 12 aufheben«) und je 21 Groschen zu einem Floren (»mit 21 aufheben«).

In den späteren Exempeln (ab 68) zeigt Ries auch Berechnungen in Goldgeld. 1 Floren entspricht in diesem System 20 Schilling und 1 Schilling dabei 12 Heller. Groschen und Pfennig gibt es hier nicht, 1 Ort ist wieder ¼ Floren, also hier 5 Schilling.

Sechs Exempel behandeln die Umrechnung für Währungen, so für die in Venedig heimischen Dukaten (dabei gilt: 100 Dukaten = 134 Rheinische Floren; Exempel 108), vor allem aber für Ungarische Floren, für die laut einer Angabe (103) gilt: 1 Ungarischer Floren = 29 Ungarische Groschen = 348 Pfennig (da 1 Groschen = 12 Pfennig, wie sonst auch). Übrigens zeigen sich dabei schwankende Wechselkurse: 100 Ungarische Floren können 129 Rheinischen Floren entsprechen (100), aber auch 129½ (103), 131¼ (101), 132⅓ (105), 132½ (104), 133⅓ (nämlich 3 Ungarische Floren = 4 Rheinische Floren; 102) und 136¼ (106). Für andere Städte nennt Ries nochmals abweichende Währungssysteme: Für Krakau gibt er 1 Floren als 30 Groschen und 1 Groschen als 18 Heller an (113), für Breslau 1 Floren als 60 Groschen und 1 Groschen als 12 Heller (114), für ungenannte Orte 1 Floren als 5 Pfund 28 Pfennig (112) bzw. 1 Floren als 7 Pfund (116), wobei jeweils, wie sonst, 1 Pfund aus 30 Pfennig besteht.

Regional unterschiedlich waren auch die Gewichte und andere Maße. Bei Gewichten kannte man Zentner, Stein und Pfund, Mark, Lot,

Karat, Quent, Gran sowie Pfennig- und Hellergewicht. Dabei galten zwar in der Regel folgende Verhältnisse: 1 Zentner besteht aus 5 Stein, 1 Stein aus 22 Pfund (1 Zentner ist also 110 Pfund), 1 Pfund aus 2 Mark, 1 Mark aus 16 Lot, 1 Lot aus 4 Quent, 1 Quent aus 4 Pfenniggewicht und 1 Pfenniggewicht aus 2 Hellergewicht; außerdem galten 1 Mark als 24 Karat und 1 Karat als 4 Gran. Doch diese Verhältnisse waren nicht einheitlich: 1 Zentner konnte an bestimmten Orten auch 100 Pfund entsprechen (so laut dem Text vor 68 in Nürnberg), aber auch 112 Pfund (3, 6, 12 und 15) oder 132 Pfund (114). 1 Nürnberger Zentner war gleich ¾ Egerer Zentner (109). Auch waren 100 Nürnberger Pfund gleich 110 Leipziger Pfund (110) und gleich 166⅔ Venedische Pfund (108). 1 Stein hat im Regelfall 22 Pfund, aber in Breslau 24 Pfund (114) und in Krakau 26 Pfund (113).

Lot, Quent, Karat und Gran wurden außerdem auch für die Bezeichnung der Reinheit einer Silber- oder Goldlegierung verwendet, die man als Anteil des reinen Edelmetalls in einer Legierung bezeichnete: Bei Silber wurde die Menge an Feinsilber in einer Legierung bezogen auf das Gewicht von 1 Mark (= 16 Lot) angegeben, also etwa »1 Mark hält 9 Lot 3 Quent« (119) oder »7 Lot 3 Quent 1 Pfenniggewicht« (120). Bei Gold wurde entsprechend die Menge an Feingold in einer Legierung bezogen auf das Gewicht von 1 Mark (= 24 Karat) angegeben, etwa 16 Karat (122), 17 Karat (121), 18 Karat 3 Gran (123) oder, besonders hochkarätig, 22 Karat 3 Gran (124). Zur Feststellung der eigentlichen Reinheit nutzte man den »Strich« über einen Probierstein und verglich den Abrieb darauf mit Abrieben von bekannten Legierungen.

Längenangaben bei Geweben wurden in Ellen, Tuch (zu je 36 Ellen) und Saum (zu je 22 Tuch oder 792 Ellen) gegeben. Im Handel richteten sie sich freilich oft nach den üblichen Längen pro Ballen bei unterschiedlichen Stoffen: 1 Damast entsprach dabei 16½ Ellen, 1 Parchat (Barchent, ein robustes Mischgewebe aus Baumwoll-Schuss auf Leinen-Kette) 22 Ellen, 1 Setin (Satin) 24 Ellen, 1 Zwillich (grobe Leinwand) 32 Ellen und 1 Harras (ein leichter, nach der Stadt Arras in Nordfrankreich benannter Wollstoff) 48 Ellen.

Bei Hohlmaßen galt bei Flüssigkeiten 1 Fuder als 12 Eimer, 1 Eimer als 18 Stübchen, 1 Stübchen als 4 Viertel oder Kandel (4), mithin 1 Eimer als 72 Viertel, aber anderenorts auch 1 Eimer als 64 Viertel (40). Bei Trockengut galt 1 Erfurter Malter als 16 Scheffel. Zahlreiche Verhältnisse von Maßangaben hat Ries selbst in der »Resolvierung« am Schluss seines Buchs zusammengestellt.

Übrigens wird in den Exempeln gelegentlich (88–90), nicht aber immer, der Tara-Betrag zum Nachteil des Käufers bei der Berechnung des Kaufpreises einbezogen. Die Lösungen der Exempel sind dabei durchweg korrekt, nur einmal (125) ist eine Probe unvollständig.

Rechnen auf der Linie

Die Rechenaufgaben im ersten Rechenbuch von Adam Ries bieten, wie wir gesehen haben, ein recht lebendiges Bild vom komplexen Handel und Wandel im frühen 16. Jahrhundert. Sie zeigen auch, wie man im Alltag allein »auf der Linie« rechnete; das schriftliche Rechnen »mit der Feder« sollte Ries, wie bereits erwähnt, erst in seinem zweiten Rechenbuch thematisieren.

Für das Rechnen auf der Linie brauchte der Rechenmeister ein mit Linien versehenes Brett oder einen entsprechenden Tisch sowie Rechenpfennige; in diesem Zusammenhang bedeutet »Pfennig« also keine Gewichts- oder Währungseinheit, sondern nur eine beliebige Marke. Zusätzlich konnte der Rechenmeister Zahlen laut aussprechen und sich merken oder »vmb mehr sicherheyt willen« (so formuliert Ries es einmal beim Subtrahieren) aufschreiben (etwa auf einer Tafel) und wieder auslöschen (127, 128).

Beim Rechnen auf der Linie haben die Rechenpfennige je nach ihrer Lage auf oder zwischen diesen Linien den Wert von 1, 5, 10, 50, 100, 500, 1000 und so weiter. Zur Vereinfachung des Rechnens kann man die Linie, die für die gegenwärtige Rechnung Grundlage ist, zu einer einstweiligen Einerlinie erklären und erst nach Abschluss der Rechenoperation wieder als Zehner-, Hunderter- oder Tausenderlinie nutzen; in diesem Fall empfiehlt Ries, einen Finger auf der Linie durch »still Halten« oder »Bleiben« als Erinnerung für diesen Vorgang zu belassen.

Da auf den Linien nicht mit Ziffern gerechnet werden muss, die höher als 4 sind (sonst nämlich nutzt man den benachbarten Zwischenraum für die 5 oder die 10), sind viele einzelne Rechenschritte im Kopf gut durchzuführen. Es ist im Übrigen deutlich, dass diese Form des Rechnens besonders gut für römische Zahlen geeignet ist, in denen die eben genannten Linien und Zwischenräume mit den Zahlbuchstaben I, V, X, L, C, D und M versehen sind. Dabei entspricht IIIII eben V, VV dann X, XXXXX dann L, LL dann C, CCCCC dann D und DD dann M.

In der Tat sind etwas frühere Rechenbücher noch ganz in römischen Zahlen notiert, so etwa »Ain New geordnet Rechen biechlin auf den linien mit Rechenpfeningen«, das 1514 in Augsburg erschienene und wiederholt nachgedruckte Werk des Jakob Köbel (um 1462–1533). Das erste Rechenbuch von Adam Ries hingegen nutzt zwar ebenfalls noch ausschließlich das Rechnen auf den Linien mit Rechenpfennigen, verwendet aber bereits die arabischen Zahlzeichen. Dass diese seinerzeit eine Art Novum darstellten, zeigt sich schon darin, dass Ries die Zahlzeichen vorab (im Kapitel über das »Nummerieren«) erklären muss, insbesondere wegen der in den römischen Zahlzeichen nicht notwendigen und daher unbekannten, für das Stellenwertsystem aber bedeutsamen Null. Ries führt diese schlicht als »Zehendt« ein und schreibt, dass sie »alleyn nichts« bedeutet; nur, wenn sie hinter andere Ziffern gestellt wird, »macht sie die selbigen mehr bedeutten«. Die Berechnungen selbst werden freilich dann alle auf den Linien durchgeführt.

Zu dieser Ausgabe

Das erste Rechenbuch von Adam Ries, mit dem er sich wohl um 1518 in Erfurt als Rechenmeister einführte, wird hier in der ältesten erhaltenen Ausgabe von 1525 im Transkription, Übertragung und Faksimile präsentiert. Zunächst steht auf der linken Buchseite eine Transkription des Textes, auf der rechten eine behutsame Übertragung in einen heute lesbaren Text. Die Beispielaufgaben sind dabei, wie schon gesagt, zur leichteren Orientierung in doppelten runden Klammern durchnummeriert. Anschließend wird ein neues, gegenüber dem Original um etwa 20% vergrößertes Faksimile des einzigen vollständig erhaltenen Exemplars geboten.

Das Buch von 1525 umfasst 88 Seiten. Faltet man ein beidseitig bedrucktes Blatt, einen sogenannten Druckbogen, dreimal nacheinander und trennt die Ränder auf, ergeben sich pro Druckbogen 4 »Lagen«, 8 Blätter (da lateinisch *octo* »acht« heißt, spricht man hier auch vom Oktav-Format) oder 16 Seiten. Das erhaltene Rechenbuch besteht aus 5½ solcher Druckbögen, die ersten vier (A, B, C, D) sowie der letzte (F) sind ganze Druckbögen mit je 16 Seiten, der vorletzte (E) ein halber mit 8 Seiten, so dass sich insgesamt 88 Seiten ergeben; nur die letzte, 88. Seite ist unbedruckt. Seitenzahlen gibt es nicht, zur Erleichterung der Arbeit des Buchbinders ist aber gelegentlich die erste Seite eines Blatts markiert (z.B. A ii, A iii). In der vorliegenden Transkription sind zur besseren Orientierung die Seiten von 1 bis 87 durchgezählt.

Auf den Seiten selbst ist der Text, wie in allen Publikationen jener Zeit, Platz sparend gedruckt. Nur wichtige Überschriften sind durch größere und fettere Schrift hervorgehoben; dabei kommt die Überschrift »Diuidirn« auf der Rückseite von B iii, also auf Seite 22, sogar auf die letzte Zeile einer Seite zu stehen. Allein das Einmaleins auf der Vorderseite von A viii, also auf Seite 15, unterbricht – wie eine Abbildung – den Lesefluss. Das einzige tatsächliche Bild, nämlich ein Holzschnitt, findet sich gleich doppelt: auf der Titel- und erneut auf der letzten bedruckten Seite (87). Dieses Bild hat der Drucker Mathes Maler freilich nicht nur für die von ihm publizierten Ausgaben des ersten Rechenbuchs von Adam Ries verwendet, sondern auch für das ebenfalls von ihm verlegte Buch des Conrad Feme (auch Femen geschrieben; Lebensdaten unbekannt), »Eyn gut new rechen buchleyn« (Erfurt 1523). Das Bild, das der Buchwissenschaftler Martin von Hase (1932, 121) dem Künstler Heinrich Vogtherr d. Ä. (1490–1556) zugeschrieben hat, bietet also kein Porträt des Adam Ries, sondern zeigt einen beliebigen Rechenmeister bei der Arbeit.

In der Transkription markiert ein senkrechter Strich, gefolgt von der tatsächlichen Seitenzahl des Originals, den Seitenwechsel. Hier werden die nicht ganz wenigen Fehler im Originaldruck korrigiert; zu ihnen gehören auch zwei falsche Platzierungen von Dreisatzangaben (20, 86). Die jeweils falsche Angabe wird in eckigen Klammern geboten, die richtige oder zu ergänzende in spitzen Klammern; in der Übertragung stehen nur die korrigierten Angaben.

Das Rechenbuch von Adam Ries entstand in einer Zeit, in der die Schriftsprache noch nicht normiert war; viele unterschiedliche Schreibweisen für ein und dasselbe Wort finden sich daher nebeneinander. Schrägstriche markieren Atempausen und entsprechen insofern dem späteren Komma. Den Beginn eines neuen Satzes markiert ein Großbuchstabe am Anfang, nicht ein davor stehender Punkt.

Die Übertragung bietet nicht nur eine heute erwartete einheitliche Orthographie und Zeichensetzung, sondern passt auch den Sprachgebrauch behutsam an das heutige Deutsch an. So wird »ader« als »oder«, »also« als »wie folgt« wiedergegeben, »anheben« als »anfangen«, »eytel« als »pur«, »mögen« als »können«, »recht« als »richtig«, »sam« als »wie«, »so« als »also«, »unz« als »bis«, »yhm« und »yhr« als Dativ von »es« bzw. »sie« im Sinne von »für es« bzw. »für sie«, »ytzt« als »jetzt (eben)«, »ytzlich« als »ein jeder«, »eine jede« oder »ein jedes« und »zu gleych« als »in gleicher Weise«. »Das Tara«, also das Gewicht der Verpackung, wird nicht als Neutrum, sondern – wie heute üblich – als »die Tara« bezeichnet, und jemanden etwas »lernen« wird als »lehren« wiedergegeben. Ries verwendet das Wort Spacium (lateinisch im Nominativ *spacium* oder *spatium*, Raum) für die Zwischenräume zwischen den Linien seiner Rechentafel; wenn das Wort im Dativ erscheint, flektiert er lateinisch zu Spacio (ebenso in der Widmung Christus im Dativ zu Christo). In der mathematischen Fachsprache werden »ander« als »zweiter« wiedergeben, »anderthalb« als 1½ (und »dritthalb« als 2½, »vierthalb« als 3½ usw.), »aufheben« als »kürzen«, »abdividieren« und »abteilen« als »dividieren« bzw. »teilen« sowie »verwechseln« als »verwandeln«. »Statt« bedeutet im Stellenwertsystem »Stelle« und »Figur«, wie Ries einmal selbst angibt, »Ziffer«. Die Multiplikation wird bei Ries »durch« eine Zahl durchgeführt, heute sagt man »mit«; umgekehrt beschreibt er die Division »mit« einer oder »in« eine Zahl, heute sagt man »durch«.

Wenn man sich heute ein Rechenbrett mit Linien für die Zahlen 1, 10, 100 usw. und Zwischenräumen für 5, 50, 500 usw. erstellt (wie es Ries ja auf der Vorderseite von A iv, also Seite 7, seines Buchs zeigt, wo freilich der Drucker die Linien nicht richtig setzen konnte, was im vorliegenden Buch in der Übertragung auf S. 31 korrigiert ist) und wenn man sich außerdem Rechenpfennige, also beliebige Marken oder auch nur Steinchen, und eine Notiztafel bereit legt, kann man das vorliegende Buch auch dazu benutzen, mit den Methoden zu rechnen, die Adam Ries 1525 erklärt hat. Vielleicht gelingt es ja, sich so in das Erfurt des frühen 16 Jahrhunderts zu versetzen!

Das erste Rechenbuch

Transkription und Übertragung

|*1* **Rechnung auff der linihen**
gemacht durch Adam Riesen vonn Staffelsteyn / in massen man es pflegt tzu lern in allen rechenschulen gruntlich begriffen anno 1518. vleysigklich vberlesen / vnd zum andern mall in trugk vorfertiget.

❡ Getruckt zu Erffordt zcum Schwartzen Horn. 1525.

|*2* Dem Erbarn Erßamen vn̄ volweysen herrn Urban Osan / Ampts-vorweser auff sant Annabergk meynem besundern gunstigen herren.

Heyl in Christo / nach dem ich / gunstiger herr die theure schepffunge dieser wellt / offtmalls in betrachtunge genomen / befinde das Gott alle / aller landt vnnd leut / leben / wesen / vnd wandel / also hat geordnet / das keins des andern woll entpern kan / sonder mussen vndereynander / mit kauffen vnnd verkauffen / mit wechsselnn / wahr vmb wahre gebenn odder nemen / vn̄ der gleychen handtierung zu thun haben / So byn ich retdigk worden / gemeyner deutscher nationn / hyrinnen meynenn dyenst nach vermügen zu beweyßen / Vnd habe vor etzlichen iaren dieses Rechenbuchlein auff der linihen / in trugk laßen außgehen / darinnen die kinder vor das erste in ge[n]<m>eyner rechnūge vnderweyßet / zcur begreyffunge grösserer dinge / geschickt wurden / vnd nit lanck darnach ein annders an tag geben / welches etzlicher maß höher ist / lernt aber ganntz kunstlich auff der linihen vnd feddern rechn Seintemal aber ich |*3* durch gutte freunde / dieser kunst gyrigk vnnd in sonderheyt von ewr erbarkeyt vielmals an gesucht vnnd ermandt byn / etwas dauon zu schreybenn / So hab ich das selbige buchleyn wider zu handen genomen / vleysig vbersehen was mangell / tungkell oder schwer gewesen / gebessert / clerlicher vnd leychter auffs ordenlichste ich vermocht angezeyget / vnd ewr erbarkeyt alls meynem

Rechnung auf der Linie

gemacht durch Adam Ries von Staffelstein in Maßen (= in dem Maße, wie) man es pflegt zu lehren in allen Rechenschulen, gründlich begriffen anno 1518, fleißig durchgelesen und zum zweiten Mal in Druck verfertigt.
Gedruckt zu Erfurt zum Schwarzen Horn. 1525.

(Widmung)

Dem ehrbaren, ehrsamen und wohlweisen Herrn Urban Osan, Amtsverweser auf Sankt Annaberg, meinem besonderen günstigen Herrn.

Heil in Christus! Nachdem ich, günstiger Herr, die teure (= wertvolle) Schöpfung dieser Welt oftmals in Betrachtung genommen (habe), befinde (ich), dass Gott alle – aller Länder und Leute – Leben, Wesen und Wandel so geordnet hat, dass keines des anderen wohl entbehren kann, sondern (sie) müssen untereinander mit Kaufen und Verkaufen, mit Wechseln, Ware um Ware geben oder nehmen und dergleichen Hantierung zu tun haben. So bin ich rätig (ge)worden (= habe ich den Ratschluss gefasst), (all)gemeiner deutscher Nation hierin meinen Dienst nach Vermögen zu beweisen, und habe vor etlichen Jahren dieses Rechenbüchlein auf der Linie in Druck lassen ausgehen, darinnen die Kinder für das erste in (all)gemeiner Rechnung unterwiesen zur Begreifung größerer Dinge geschickt wurden, und nicht lange danach ein zweites an Tag (ge)geben, welches etliche Maß höher ist, lehrt aber ganz kunstvoll auf der Linie *und* Feder (zu) rechnen. Da nun aber ich durch gute Freunde, (die) dieser Kunst (be)gierig (sind), und in Sonderheit von Eurer Ehrbarkeit vielmals angesucht und ermahnt bin, etwas davon zu schreiben, so habe ich dasselbe Büchlein wieder zu Händen genommen, fleißig durchgesehen, was mangel(haft), dunkel oder schwer gewesen (war), gebessert, klärlicher (= klarer) und leichter aufs Ordentlichste,

gunstigen herrn / gutter meynunge wolln zuschreyben / Dienstlich byttende / solchs in gut auffnemen / vnd euch als eynem beschutzer vnd patron wider die feinde dieser kunst / guttwillig erzeygen / Dann so ich sehen werde / das es ewr erbarkeyt angenehm vnnd den andern wyrdt nutze sein / wurde ich dardurch gereytzt das hynderstellig buchlein / auch widder herfur zu zyhen / vnnd was darynnen nott sein wurde / zu andern oder zuuorclern / auffs vleysigst herauß streychen / damit ein yeder / so darzu lust hatt / zum grundt vnd erkentnus dieser kunst komen möchte / Hyemit Got beuolen.

Ewr erbarkeyt williger. Adam Riess Rechenmeyster auff sant Annabergk.

(so) ich vermocht, angezeigt und Eurer Ehrbarkeit als meinem günstigen Herrn guter Meinung wollen zuschreiben, dienstlich (= diensteifrig) bittend, (Ihr wolltet) solches in Güte aufnehmen und Euch als einem Beschützer und Patron wider die Feinde dieser Kunst gutwillig erzeigen. Dann, so(fern) ich sehen werde, dass es Eurer Ehrbarkeit angenehm und den anderen wird nutze (= nützlich) sein, wurde ich dadurch gereizt, das nachstehende Büchlein auch wieder hervorzuziehen und was darinnen nötig sein würde, zu ändern oder zu verklären (= klarer machen), aufs Fleißigste herausstreichen, damit ein Jeder, so(fern er) dazu Lust hat, zum Grund und Erkenntnis dieser Kunst kommen kann. Hiermit Gott befohlen.

Eurer Ehrbarkeit williger Adam Ries, Rechenmeister auf Sankt Annaberg.

|4 ¶ Zum ersten sol ein yeder anhebender schüler leren erkennen / die ziffer / darnach die linihen / alls dan nidderlegen vnd auff heben &c.

Numerirn.

Heyßt zelln / lernt wie man ein yede zall schreyben / erkennen / vnd außsprechen soll / solt wissen das zehen ziffer ader figurn seindt / damitt mann ein yede zall schreybt / sie sey kleyn odder groß / vnter welchen die ersten neun bedeutlich seinn / werdenn also gezeychent. 1 2 3 4 5 6 7 8 9. Vnd die zehendt bedeut alleyn nichts / sonderwen sie andern furgesatzt wurd macht sie die selbigen mehr bedeutten / wurdt also geschriben. o. Nun soltu wissen / das ein ytzliche ziffer vnter obgeschriben zehen / an der ersten stat gegenn der rechten hanndt / bedeut sich selbest / An der andern stat gegen der lingken handt souiell zehen / ann der dritten souiell hundert / vnd an der vierden gegen der lingken hand souiel tausent / das merck in diesen worten / eyns / zigk / hundert / tausent / vō der rechten handt / zele gegen der lingken wie hye.

|5

8 9 7 6

Lingk Recht

7	5	8	9
tausent	hundert	zigk	sich selb

Zum ersten soll ein jeder anfangender Schüler lernen (zu) erkennen die Ziffer, danach die Linie, alsdann (das)Niederlegen und Aufheben etc.

Nummerieren (= Zählen)

Heißt zählen, lehrt, wie man eine jede Zahl schreiben, erkennen und aussprechen soll. (Du) sollst wissen, dass (es) zehn Ziffern oder Figuren sind, womit man eine jede Zahl schreibt, sie sei klein oder groß, unter welchen die ersten neun bedeutsam sind. (Sie) werden wie folgt gezeichnet: 1 2 3 4 5 6 7 8 9. Und die zehnte bedeutet alleine nichts, sondern wenn sie anderen vorgesetzt wird (= von rechts angefügt, da man, wie gleicht erläutert wird, die Stellenwerte von rechts nach links bezeichnet), macht sie dieselben mehr bedeuten. (Sie) wird wie folgt geschrieben: 0. Nun sollst du wissen, dass eine jede Ziffer unter (den) ob(en) geschriebenen zehn an der ersten Statt (= Stelle) (ent)gegen der rechten Hand bedeutet sich selbst, an der zweiten Statt (= Stelle) (ent)gegen der linken Hand soviel Zehn, an der dritten soviel Hundert und an der vierten (ent)gegen der linken Hand soviel Tausend. Das merke in diesen Worten: eins, zig, hundert, tausend von der rechten Hand. Zähle (ent)gegen der linken wie hier:

	8	9	7	6	
Links					Rechts
	7	5	8	9	
	tausend	hundert	zig	sich selbst	

So nun mehr dan vier ziffer bey eynander stehen / wollest die außsprechen / so setze auff das tausent ein puncktlein / das ist auff die vierde ziffer / von der rechten handt gen der lingken / vnd heb daran widderumb an zu zelen / eyns / zigk / oder zehen &c. so lang byß zum ende hynauß / Als dan hebe an auß zusprechen von der lingken gegen der rechten hand Die dritte ziffer das ist das hundert nenne allein / darnach die ander vn erste mit eynander alls.

7 6 ·9• 8 6 5

Setz auff die vierden alls 9 ein puncktlein / zell wie gesagt / sprich auß wirdt sieben / hundert tausent neunvndsechtzigtausent acht hundert vnd funnff vnd sechztzig.

¶ Auch merck in dem schreyben so dir außgelaßen wirdt das <tausent.> hundert. [tausent.] zehen. eins. Das ist die erste / ander / dritte / vierde / figur das |*6* du an die selbige stat eynn o setzest wie hye zu schreyben sechßtausent vn̄ viervndzweintzigk setz 6024 wirdt das hundert außgelassen.

1	2	1	1	2	3	1	2	3	4
2	2	3	2	3	4	2	3	4	5
3	4	3	3	4	5	3	4	5	6
4	5	4	4	5	9	4	5	6	7
5	6	5	5	6	7	5	6	7	8
6	7	6	6	7	8	6	7	8	9
7	8	9	7	8	9	7	8	6	0
8	9	7	8	9	0	8	9	0	0
9	8	5	9	0	0	9	0	0	0
eyns	zigk	eyns	hundert	zigk	eyns	tausent	hundert	zigk	eyns

So(fern) nun mehr denn vier Ziffern beieinander stehen (und du) willst die aussprechen, so setze auf das Tausend ein Pünktlein, das ist auf die vierte Ziffer von der rechten Hand (entge)gen der linken, und fange daran wiederum an zu zählen: eins, zig oder zehn etc., so lang bis zum Ende hinaus. Alsdann fange an, auszusprechen von der linken (ent)gegen der rechten Hand: Die dritte Ziffer, das ist das Hundert, nenne allein, danach die zweite und erste miteinander wie folgt:

7 6 ·9• 8 6 5

Setze auf die vierte, also 9, ein Pünktlein, zähle wie gesagt, sprich aus, wird siebenhunderttausend neunundsechzigtausend achthundert und fünfundsechzig.

Auch (be)merke bei dem Schreiben, so(fern) dir ausgelassen wird das Tausend, Hundert, Zehn, Eins – das ist die erste, zweite, dritte, vierte Figur (= Ziffer) –, dass du an dieselbe Statt (= Stelle) eine o setzt, wie hier zu schreiben: Sechstausend und vierundzwanzig, setze 6024, (es) wird das Hundert ausgelassen.

eins	zig	eins
1	2	1
2	2	3
3	4	3
4	5	4
5	6	5
6	7	6
7	8	9
8	9	7
9	8	5

hundert	zig	eins
1	2	3
2	3	4
3	4	5
4	5	9
5	6	7
6	7	8
7	8	9
8	9	0
9	0	0

tausend	hundert	zig	eins
1	2	3	4
2	3	4	5
3	4	5	6
4	5	6	7
5	6	7	8
6	7	8	9
7	8	6	0
8	9	0	0
9	0	0	0

Lingk		Recht
	75896	
	436475	
	9800632	
	1230501	

Von der linihen.

¶ Nun soltu wissen das die vnderste linihenn bedeut eyns / Die ander ob yr zehen / Die dritte hundert / Vnd die vierde tausent / Also hynfurt |7 die nehest darüber alweg zehen mal mehr dan die nehest darunder / Vn̄ ein ytzliches spacium das ist zwischen zweyen linihen gilt halb souil sam die linihen darüber / sam die ander linihen gylt zehenn / so bedeut das spacium darunder funff / wie volgende figur hie thut außweisen.

500000	Funffhūdert tausent
100000	Hundert tausent
———	———
50000	Funfftzig tausent
10000	Zehen tausent
———	———
5000	Funff tausent
1000	Tausent
———X	———
500	Funff hundert
100	Hundert
———	———
50	Funfftzig
10	Zehen
———	———
5	Funff
1	Eyns
———	———
½	Eyn halbs

Links	75896 436475 9800632 1230501	Rechts

Von der Linie

Nun sollst du wissen, dass die unterste Linie bedeutet Eins, die zweite ob(erhalb von) ihr Zehn, die dritte Hundert und die vierte Tausend, also hinfort (= und so weiter) die nächste darüber allweg (= jeweils) zehnmal mehr denn die nächste darunter. Und ein jedes Spacium, das ist zwischen zwei Linien, gilt halb so viel wie die Linie darüber, wie (etwa) die zweite Linie gilt Zehn, so bedeutet das Spacium darunter Fünf, wie folgende Figur hier tut ausweisen.

500000	Fünfhunderttausend
~~100000~~	~~Hunderttausend~~
50000	Fünfzigtausend
~~10000~~	~~Zehntausend~~
5000	Fünftausend
~~1000~~	~~X Tausend~~
500	Fünfhundert
~~100~~	~~Hundert~~
50	Fünfzig
~~10~~	~~Zehn~~
5	Fünf
~~1~~	~~Eins~~
½	Ein Halbes

Addirn / odder sommiern.

¶ Nun wil ich dich lern addirn / das heyst zu samen geben / oder sommiern / Vnnd ist nicht |*8* anders dan viell vnd mancherley außgegeben gelt in eine so**m̄**a zu brengen / sollt mercken das du die selbigen außgegeben somma oder eingenomen fur dich schreybest / Darnach auff die linihen legest floren allein / groschen / pfenning auch allein / Zwischen ytzlicher muntz ein vnderscheyd mit einer linihen machest / Alls dan mach pfen̄ig zu groschen / heb auff mit 12 / leg zu den groschen / Vnnd mach die groschen zu floren / heb auff mit 21. nach art eynes ytzlichē landes.

¶ Du solt auch mercken so yrgents funff pfenning auff eyner linihen ligen das du vier auff hebest vn̄n den funfften in das nehest spacium daruber legest.

¶ So aber zwenn pfenning inn eynem spacio ligenn / so heb sie auff vnnd lege eynen auff die neheste linihenn darüber alls volgennde zwey exempell thun außweysen.

¶ Item eyner hat außgeben das nachgeschriben gellt / wie hye verzeychent.

24	17	5
35	18	4
47 floren	13 groschen	7 pfenning
58	16	8

|*9* ¶ Vnd woltest wissen wieuil es in eyner som̄a macht / so lege ein ytzliche muntz in sein eygen feld / werden 164 floren / 64 groschen 24 pfenning / hebe pfennig auff mit 12 werden 2 groschen / lege zu den groschen / die hebe auff mit 21 werden 3 flo. bleyben 3 groschen ligen / Vn̄ lege die 3 floren die auß den groschen wordenn sein zu den floren als 164 So macht es in einer somma 167 floren vnd 3 groschen.

Addieren oder Summieren

Nun will ich dich lehren (zu) addieren, das heißt zusammen geben oder summieren. Und ist nicht anders denn viel und mancherlei ausgegeben(es) Geld in eine Summe zu bringen. (Du) sollst (dir) merken, dass du diese ausgegebene Summe, oder eingenommene, für dich schreibst. Danach auf die Linie legst (du) Floren allein, Groschen (und) Pfennig auch allein, (wobei du) zwischen einer jeden Münze eine Unterscheidung mit einer Linie machst. Alsdann mache Pfennig zu Groschen, hebe auf mit 12, lege zu den Groschen und mache die Groschen zu Floren, hebe auf mit 21 nach Art eines jeden Landes.

Du sollst (dir) auch merken, so(fern) irgendwo 5 (Rechen-)Pfennige auf einer Linie liegen, dass du vier aufhebst und den fünften in das nächste Spacium darüber legst.

So(fern) aber 2 (Rechen-)Pfennige in einem Spacium liegen, so hebe sie auf und lege einen auf die nächste Linie darüber, wie folgende zwei Exempel tun ausweisen.

Item einer hat aus(ge)geben das nachgeschrieben(e) Geld, wie hier verzeichnet:

24	17	5
35	18	4
47 Floren	13 Groschen	7 Pfennig
58	16	8

Und wolltest (du) wissen, wie viel es in einer Summe macht, so lege eine jede Münze in ihr eigenes Feld, werden 164 Floren 64 Groschen 24 Pfennig. Hebe Pfennig auf mit 12, werden 2 Groschen, lege zu den Groschen, die hebe auf mit 21, werden 3 Floren, bleiben 3 Groschen liegen. Und lege die 3 Floren, die aus den Groschen geworden sind, zu den Floren, also 164. So macht es in einer Summe 167 Floren und 3 Groschen.

¶ Item eyner hat [ent]<em>pfangen vonn etzlichen das nachuolgend gellt.

124	10	7
2356	17	5
5689 floren	19 groschen	6 pfenning
7865	11	8

Wiltu wissen wieuiel es macht / so leg ein zall nach der anndern / yede muntz in sonderheyt / als dan mach pfennig zu groschen / vnd groschenn zu floren / werdenn 16036 floren / 17 groschen vnd 2 pfenning.

Proba.

Wiltu nun probirn ob du recht sommirt hast odder nicht / so nym ein somma nach der an |*10* dern / vonn der hauptsom wie du sie auff gelegt hast / So dann nichts vberbleybet vnnd gleych auffgehet / so hastu es recht gemacht.

Subtrahirn.

Nun will ich dich lern subtrahirn / das heyst abeziehen ein zall vonn der andernn / auff das man sehen mag wieuiel vberig bleybet / vn̄ solt wissenn / das du auff legest die zall / daruon du nemen willt / vnd die du abnemen wilt im syn behaltest / odder fur dich schreybest vmb mehr sicherheyt willen / Alls dan hebe auff was du hynweck nemen solst Magstu nicht nemen so verwandel der obern rechenpfen̄ig einen herab Lege einen pfennig in das spacium darunder / vnd funff pfennig auff die neheste linihen vnder dem spacio / als dan hebe auff / Auch soltu mercken so dir vorkom̄et abzuzyhen groschen vnd pfennig / so die nicht vorhanden werden das du ein floren auff hebest / vnd darfur 21. groschen nyder legest / zu gleych mit den pfennigen / Magstu nicht / so heb auff ein grosche̅ vnnd lege nydder 12 pfennig / alls dann nym hynwegk was abzunemen ist / Wie volgende exempell außweyßt.

Item einer hat empfangen von Etlichen das nachfolgende Geld:

124	10	7
2356	17	5
5689 Floren	19 Groschen	6 Pfennig
7865	11	8

Willst du wissen, wie viel es macht, so lege eine Zahl nach der anderen, jede Münze in Sonderheit, alsdann mache Pfennig zu Groschen und Groschen zu Floren, werden 16036 Floren 17 Groschen und 2 Pfennig.

Probe

Willst du nun probieren, ob du richtig summiert hast oder nicht, so nimm eine Summe nach der anderen von der Hauptsumme, wie du sie aufgelegt hast. So(fern) dann nichts überbleibt und gleich aufgeht, so hast du es richtig gemacht.

Subtrahieren

Nun will ich dich lehren (zu) subtrahieren, das heißt ab(zu)ziehen eine Zahl von der anderen, auf dass man sehen kann, wie viel übrig bleibt. Und (du) sollst wissen, dass du auflegst die Zahl, davon du nehmen willst, und die du abnehmen willst im Sinn behältst oder für dich schreibst um mehr Sicherheit willen. Alsdann hebe auf, was du hinweg nehmen sollst. Kannst du nicht nehmen, so verwandele von den oberen Rechenpfennig(en) einen herab. Lege einen Pfennig in das Spacium darunter und 5 Pfennig auf die nächste Linie unter dem Spacium, alsdann hebe auf. Auch sollst du (dir) merken, so(fern) dir vorkommt abzuziehen Groschen und Pfennig, so(fern) die nicht vorhanden sind, dass du 1 Floren aufhebst und dafür 21 Groschen niederlegst in gleicher Wiese mit den Pfennigen. Kannst du nicht, so hebe auf 1 Groschen und lege nieder 12 Pfennig, alsdann nimm hinweg, was abzunehmen ist, wie folgende(s)Exempel ausweist.

|*11* ¶ Item eyner ist dem anndern schuldig 396 floren 8 groschen 7 pfen̄ing / hat daran geben 279 floren 16 groschen vnd 9 pfennig / Wieuiel ist er n[a]<o>ch schuldig / Machs also lege auff die linihenn die somma daruon du nemen wilt als 396 floren 8 groschenn 7 pfennig / Nym daruon das gegeben gellt / alls 279 floren 16 groschen 9 pfennig / wie oben gesagt / so bleyben ligen 116 floren 12 groschen vnd 10 pfennig / so viel ist er noch schuldig.

Proba.

¶ Wiltu probiern ob du recht gemacht hast / so lege die abgezogene zall zu der vberpleybenden / komet dan die erste auffgelegte zall wider / so hastu es recht gemacht.

Dupliren.

¶ Alhye will ich dich lern dupliern / das heyst zweyfeltigen / vnnd ist nicht anders dan eyne zal mit zweyen multiplicirn wie volgen wirdt Thu ym also / leg auff die zall die du zweyfeltigen wilt / schreib 2 fur dich / hebe zu oberst an leyt 1 pfen̄ig in dem spacio / so greyff mit dem finger der lingken hand auff die neheste linihen |*12* darüber / sprich halb 2 macht 1 lege da du den finger hast / hebe den pfenning in dem spacio auff vnnd greyff herab do pfennig liegen / duplier aber / Vnd wisse auff welcher linihen du den finger hast / das die selbige nicht mehr dan eyns bedeut / das spacium darūder ein halbes das spacium ob dem finger funff / die neheste linihen ob dem finger zehen / Also hynfurt sam es die vndersten linihenn wehrn / Aber so der finger wirdt hynwegk gethann / so bedeut sie wie vor / Also duplir stets vonn der oberstenn linihen herab / byß auff die vnderste / sam volgende exempell thun außweyssen.

Item einer ist dem anderen schuldig 396 Floren 8 Groschen 7 Pfennig, hat daran geben (= schon zurückgegeben) 279 Floren 16 Groschen 9 Pfennig. Wie viel ist er noch schuldig? Mache es wie folgt: Lege auf die Linien die Summe, davon du nehmen willst, also 396 Floren 8 Groschen 7 Pfennig. Nimm davon das gegebene Geld, also 279 Floren 16 Groschen 9 Pfennig, wie oben gesagt, so bleiben liegen 116 Floren 12 Groschen und 10 Pfennig. So viel ist er noch schuldig.

Probe

Willst du probieren, ob du (es) richtig gemacht hast, so lege die abgezogene Zahl zu der überbleibenden. Kommt dann die erste aufgelegte Zahl wieder, so hast du es richtig gemacht.

Duplieren (= Verdoppeln)

Allhier will ich dich lehren (zu) duplieren, das heißt (zu) zweifältigen (= verdoppeln), und (es) ist nicht anders denn eine Zahl mit 2 (zu) multiplizieren, wie folgen wird. Mache dafür wie folgt: Lege auf die Zahl, die du zweifältigen willst, schreibe 2 für dich, fange zuoberst an, (sofern da) liegt 1 Pfennig in dem Spacium, so greife mit dem Finger der linken Hand auf die nächste Linie darüber. Sprich: Halb 2 macht 1, lege, da du den Finger hast, hebe den Pfennig in dem Spacium auf und greife herab, wo Pfennig liegen. Dupliere aber und wisse, auf welcher Linie du den Finger hast, dass dieselbe nicht mehr denn eins bedeutet, das Spacium darunter ein halbes, das Spacium ob(erhalb von) dem Finger fünf, die nächste Linie ob(erhalb von) dem Finger zehn, also hinfort (= und so weiter), wie (wenn) es die unterste Linie wäre. Aber so(fern) der Finger wird hinweg getan, so bedeutet sie (soviel) wie (zu)vor. Folglich dupliere stets von der obersten Linie herab bis auf die unterste, wie folgende Exempel tun ausweisen.

	8675		17350
zwyrnt	6937	macht	13874
	4879		9758

Lege auff 8675 schreyb 2 fur dich / hebe zu oberst an / greiff auff die funfftē linihen / sprich / halb 2 macht 1 / lege 1 nydder / hebe auff denn pfennig inn dem spacio / greyffe herab so findestu 3 pfennig auff dem tausent ligen / sprich / 3 mal 2 seind 6 / lege 6 nider / hebe auff 3 / pleib styl halten mit dem finger / dan 1 pfennig leyt in dem spacio / sprich aber / halb 2 macht 1 / leg nyder / hebe auff den pfennig im spacio / greiff |*13* herab auffs hundert / leyt 1 pfennig / sprich / 1 mal 2 macht 2 / leg nyder / hebe auff 1 / pleyb halten / sprich aber / halb 2 macht 1 / lege / heb auff greyff herab auff die andere / ligē 2 sprich 2 mal 2 macht 4 lege nyder / hebe auff 2 pleib styl haltē / sprich / halb 2 macht 1 / lege 1 nider heb auff den pfen̄ig im spacio / so hast 17350 also der gleychen.

Proba.

¶ Halbir die zal die da komen ist / so komet die vorige wider / die du au[ß]<f>gelegt / so du es recht gemacht hast.

Medirn.

In volgēden worten wil ich dich leren medirn das heyßt halb machen / vnd ist nicht anders dan 1 zall in zwey gleyche teyl spalten / Die zall saltu aufflegen / welche du halb machen willt zu vnderst anheben das spacium vber einer linihen mit der linihen darūder zusamen nemen zu gleych medirn / den halben teyl nyderlegen / darnach greyff auff die anndere linihen hynauff / medir aber das spacium vnd die linihen mit eynander / Also hnyfurt vber sich zugreyffen so lang byß kein pfennig auff der linihen mehr zu halbirn vorhanden / was dan komet von der

	8675		17350
zweifach	6937	macht	13874
	4879		9758

Lege auf 8675, schreibe 2 für dich, fange zuoberst an, greife auf die fünfte Linie, sprich: Halb 2 macht 1, lege 1 nieder, hebe auf den Pfennig in dem Spacium, greife herab, so findest du 3 Pfennig auf dem Tausend liegen. Sprich: 3 mal 2 sind 6, lege 6 nieder, hebe auf 3, bleibe still halten(d) mit dem Finger. Dann 1 Pfennig liegt in dem Spacium. Sprich aber: Halb 2 macht 1, lege nieder, hebe auf den Pfennig im Spacium, greife herab aufs Hundert, (dort) liegt 1 Pfennig. Sprich: 1 mal 2 macht 2, lege nieder, hebe auf 1, bleibe (still) halten(d). Sprich aber: Halb 2 macht 1, lege (nieder), hebe auf, greife herab auf die zweite (Linie, dort) liegen 2. Sprich: 2 mal 2 macht 4, lege nieder, hebe auf 2, bleibe still halten(d). Sprich: Halb 2 macht 1, lege 1 nieder, hebe auf den Pfennig im Spacium, so hast (du) 17350. Ebenso (mit den anderen Beispielen) dergleichen.

Probe

Halbiere die Zahl, die da (ge)kommen ist, so kommt die vorige wieder, die du aufgelegt (hast), so(fern) du es richtig gemacht hast.

Medieren (= Halbieren)

In folgenden Worten will ich dich lehren (zu) medieren, das heißt halb (zu) machen, und (dies) ist nicht anders denn eine Zahl in zwei gleiche Teile (zu) spalten. Die Zahl sollst du auflegen, welche du halb machen willst, zuunterst anfangen, das Spacium über einer Linie mit der Linie darunter zusammennehmen, in gleicher Weise medieren, den halben Teil niederlegen. Danach greife auf die zweite Linie hinauf, mediere aber das Spacium und die Linie miteinander, also hinfort (= und so weiter) über sich zu greifen, so lange, bis kein Pfennig auf der Linie mehr zu

zall die du nydder gelegt / souiel macht |*14* es / Alls volgendt exempell außweissen.

	8674		4337
Halb	9372	macht	4686
	6378		3189

Thu yhm also / leg auff 8674 greyff auff die vnderste linihen da 4 pfeñig ligen / sprich / halb 4 macht 2 / heb auff 2 / laß 2 lygen / Darnach greyff auf die andre linihen / nym das spaciū vnd die linihen zusamen als 7 / sprich / halb 7 macht 3 vnd ein halbes / heb 7 auff / vnd lege vierhalbs nyder / Darnach greiff hinauff auff die dritte liniē / heb auff 6 sprich halb 6 macht 3 lege nyder / vnd greyff auff die vierde linihen da 8 lygen / sprich / halb 8 macht 4 / lege nider wirt 4337 wie oben angezeygt / Also d'gleichē.

Proba.

Zweyfeltig die zall / die do komen ist / So dan die auffgelegte zal wider komet / so ist es recht gemacht.

Multiplicirn.

|*15* ¶ Das eyn mall eyns.

1		1		1
1		2		2
1		3		3
1		4		4
1	mal	5	ist	5
1		6		6
1		7		7
1		8		8
1		9		9

halbieren vorhanden (ist). Was dann kommt von der Zahl, die du niedergelegt (hast), soviel macht es, wie folgende Exempel ausweisen.

	8674		4337
Halb	9372	macht	4686
	6378		3189

Tue dafür wie folgt: Lege auf 8674, greife auf die unterste Linie, da 4 Pfennig liegen, sprich: Halb 4 macht 2, hebe auf 2, lasse 2 liegen. Danach greife auf die zweite Linie, nimm das Spacium und die Linie zusammen, also 7, sprich: Halb 7 macht 3 und ½, hebe 7 auf und lege 3½ nieder. Danach greife hinauf auf die dritte Linie, hebe auf 6, sprich: Halb 6 macht 3, lege nieder und greife auf die vierte Linie, da 8 liegen. Sprich: Halb 8 macht 4, lege nieder, wird 4337, wie oben angezeigt. Ebenso (mit den anderen Beispielen) dergleichen.

Probe

Zweifältige (= verdoppele) die Zahl, die da (ge)kommen ist. So(fern) dann die aufgelegte Zahl wiederkommt, so ist es richtig gemacht.

Multiplizieren

Das Einmaleins

1		1		1
1		2		2
1		3		3
1		4		4
1	mal	5	ist	5
1		6		6
1		7		7
1		8		8
1		9		9

2		2		4
2		3		6
2		4		8
2		5		10
2	mal	6	ist	12
2		7		14
2		8		16
2		9		18
3		3		9
3		4		12
3	mal	5	ist	15
3		6		18
3		7		21
3		8		24
3		9		27
4		4		16
4		5		20
4	mal	6	ist	24
4		7		28
4		8		32
4		9		36
5		5		25
5		6		30
5	mal	7	ist	35
5		8		40
5		9		45
6		6		36
6	mal	7	ist	42
6		8		48
6		9		54

2		2		4
2		3		6
2		4		8
2		5		10
2	mal	6	ist	12
2		7		14
2		8		16
2		9		18
3		3		9
3		4		12
3	mal	5	ist	15
3		6		18
3		7		21
3		8		24
3		9		27
4		4		16
4		5		20
4	mal	6	ist	24
4		7		28
4		8		32
4		9		36
5		5		25
5		6		30
5	mal	7	ist	35
5		8		40
5		9		45
6		6		36
6	mal	7	ist	42
6		8		48
6		9		54

7		7		49
7	mal	8	ist	56
7		9		63
8		8		64
8	mal	9	ist	72
9		9		81

|*14 Fortsetzung* Allhye wil ich dich lern vnnd gruntlich vnderrichten multiplicirn / das ist vielfeltigen / darzu mustu zwu zaln habenn / eyne die multiplicirt / die annder welche multiplicirt wirdt / alls 24 mal 36 Vnder den selbigen zweyen soltu auff|*16* legen welche du wilt / die ander fur dich schreyben / vnnd dardurch multiplicirn zu oberst an heben /

Wiltu mit eyner figur multiplicirn / so greyff auff die linigen da die pfeñig ligen / lege die figur fur dich geschriebenn / [ist] so offt sam pfennig auff der linihen ligen / alls dan heb sie auff vñ greyff herab [baß]<byß> da pfeñig ligen / leyt aber 1 pfeñig in dem spacio / so greyff auff die neheste linihen darüber / vñ lege die figur halb dardurch du multiplicirst / als dan greyff herab [baß]<byß> / thu wie gesagt / so lang byß kein pfennig zu multiplicirn mehr vorhanden / Als volgend exempel durch eyne figur thū außweysen

		2		13578
		3		20367
		4		27156
6789	mall	5	macht	33945
		6		40734
		7		47523
		8		54312
		9		61101

7		7		49
7	mal	8	ist	56
7		9		63
8		8		64
8	mal	9	ist	72
9		9		81

Allhier will ich dich lehren und gründlich unterrichten (zu) multiplizieren, das ist (zu ver)vielfältigen. Dazu musst du zwei Zahlen haben: eine, die multipliziert, die andere, welche multipliziert wird, also (etwa) 24 mal 36. Unter denselben zweien sollst du auflegen, welche du willst, die andere für dich schreiben und mit ihr multiplizieren, zuoberst anfangen.

Willst du mit *einer* Figur (= Ziffer, also einer einstelligen Zahl) multiplizieren, so greife (von oben herab) auf die (erste) Linie, da (= auf der) die Pfennige liegen, lege die Figur (= Ziffer), (die du) für dich geschrieben (hast), so oft, wie Pfennige auf der Linie liegen. Alsdann hebe sie auf und greife herab bis da(, wo) Pfennige liegen. Liegt aber 1 Pfennig in dem Spacium, so greife auf die nächste Linie darüber und lege die Figur (= Ziffer) halb, mit der du multiplizierst, alsdann greife herab, bis (wieder Pfennige liegen), tue, wie gesagt, so lange, bis kein Pfennig zu multiplizieren mehr vorhanden (ist), wie folgende Exempel mit *einer* Figur (= Ziffer) tun ausweisen.

		2		13578
		3		20367
		4		27156
6789	mal	5	macht	33945
		6		40734
		7		47523
		8		54312
		9		61101

Thu yhm also / lege auff 6789 schreyb eyne figur fur dich welche du wilt als 6 / greiff auff die funffte linihen vber das halb / sprich / halb 6 macht 3 / lege auff 3 / Nym hynwegk das halb / greyff herab auff die vierde linihen do 1 |*17* pfen̄ig leyt / sprich / 1 mal 6 macht 6 / lege nider hebe auff den pfennig auff der linihenn / bleyb styl greyffen dan 1 pfennig leyt in dem spacio sprich / halb 6 macht 3 / lege nider 3 / hebe auff das halb / greyffe herab auff das hundert do ligen 2 pfen̄ig / sprich / 2 mal 6 ist 12 / lege nider 12 / hebe auff die 2 / bleib stil haltē / sprich / halb 6 ist 3 / lege / hebe auff das halb / greyff herab auff die andere linihen / do vindestu 3 pfennig ligen / sprich / 3 mal 6 ist 18 / lege 18 nider / hebe auff die 3 / bleib aber eyns styl halten mit dem finger / von wegen des halben / sprich / halb 6 ist 3 / lege nider / hebe auff das halb / vn̄ greyff herab auff die vnderste linihen do 4 pfen̄ig ligen / sprich / 4 mal 6 macht 24 / lege nider 24 / vn̄ hebe auff die 4 pfennig / so komen 40734 / also der gleychenn /

Wyltu aber eyne zall mit zweyen figurn multiplicirn / so lege eyne auff / die annder schreyb fur dich / hebe zu oberst an / greyff vber die anndere linihen ob den pfennigen / Als 36 mal 24 lege auff 36 schreib 24 fur dich / greyff mit dem finger auff die andere linihen ob den pfennig / das ist auffs hundert / alda lege die meynste figur der fur geschrieben zal / als offt sam pfen̄ig auff der linihen ligen / |*18* sprich 3 mal 2 seindt 6 lege nyder 6 greyff mit dem finger herab do die pfennig ligen / sprich / 3 mal 4 seind 12 lege nyder 12 vnd hebe auff die 3 pfennig / So aber 1 pfennig in dem spacio leyt so heb an der nehesten linihen darüber an zurechen hynauff zu zeln / eins / zwey / lege auff der obersten die erste figur / das ist die meynste halb / sprich / halb 2 macht 1 lege 1 greyff herab / sprich halb 4 macht 2 lege nyder 2 hebe auff das halb / bleybet noch 1 pfennig zu multiplicirn / greyff auff die annder linihen / alda lege eynn mall 2 ist 2 Darnach greyff herab vnnd lege eyn mall 4 hebe auff 1 Wirdt 864 Also der gleychen.

Tue dafür wie folgt: Lege auf 6789, schreibe eine Figur (= Ziffer) für dich, welche du willst, also (etwa) 6, greife auf die fünfte Linie über das Halb, sprich: Halb 6 macht 3, lege auf 3, nimm hinweg das Halb, greife herab auf die vierte Linie, d(a w)o 1 Pfennig liegt, sprich: 1 mal 6 macht 6, lege nieder, hebe auf den Pfennig auf der Linie, bleibe still, greife dann 1 Pfennig, (der) liegt in dem Spacium, sprich: Halb 6 macht 3, lege nieder 3, hebe auf das Halb, greife herab auf das Hundert, d(a wo) liegen 2 Pfennig. Sprich: 2 mal 6 ist 12, lege nieder 12, hebe auf die 2, bleibe still halten(d), sprich: Halb 6 ist 3, lege, hebe auf das Halb, greife herab auf die zweite Linie, da findest du 3 Pfennig liegen. Sprich: 3 mal 6 ist 18, lege 18 nieder, hebe auf die 3, bleibt aber 1, stillhalten mit dem Finger von wegen des Halben. Sprich: Halb 6 ist 3, lege nieder, hebe auf das Halb und greife herab auf die unterste Linie, d(a wo) 4 Pfennig liegen. Sprich: 4 mal 6 macht 24, lege nieder 24 und hebe auf die 4 Pfennig, so kommen 40734. Ebenso (mit den anderen Beispielen) dergleichen.

Willst du aber eine Zahl mit *zwei* Figuren (= Ziffern, also einer zweistelligen Zahl) multiplizieren, so lege eine auf, die andere schreibe für dich, fange zuoberst an, greife über die zweite Linie ob(erhalb von) den Pfennigen, also (etwa) 36 mal 24: Lege auf 36, schreibe 24 für dich, greife mit dem Finger auf die zweite Linie ob(erhalb von) den Pfennig(en), das ist aufs Hundert, allda lege die *meynste* Figur (= Ziffer mit dem höchsten Stellenwert) der vor(hin) geschriebenen Zahl, so oft wie Pfennig auf der Linie liegen. Sprich: 3 mal 2 sind 6, lege nieder 6, greife mit dem Finger herab, d(a wo) die Pfennig liegen. Sprich: 3 mal 4 sind 12, lege nieder 12 und hebe auf die 3 Pfennig. So (= Weil hier) aber 1 Pfennig in dem Spacium liegt, so fange an der nächsten Linie darüber an zu rechnen, hinauf zu zählen: eins, zwei. Lege auf der obersten die erste Figur (= Ziffer), das ist die *meynste* (s. o.) halb, sprich: Halb 2 macht 1, lege 1, greife herab, sprich: Halb 4 macht 2, lege nieder 2, hebe auf das Halb, bleibt noch 1 Pfennig zu multiplizieren, greife auf die zweite Linie, allda lege 1 mal 2, ist 2. Danach greife herab und lege 1 mal 4, hebe auf 1, wird 864. Ebenso (mit den anderen Beispielen) dergleichen.

		12		95472
		36		286416
7956	mal	50	macht	397800
		72		572832
		84		668304
		96		763776

¶ Gleych formig soltu auch multiplicirn durch drey figurenn / schreyb die zall fur dich / greyff auff die dritte linihenn darüber / vnnd multiplicir von oben herab.

|*19*

		123		859401
		234		1634958
6987	mal	345	ist	2410515
		456		3186072
		567		3961629

¶ Lege auff 6987 multiplicir durch welche zal du wilt / so hastu darbey wie viel es macht

Volgen exempel wie man das multiplicirn gebrauchen soll.

((1)) Item einer verschneyt 1 tuch helt 36 elln vnd gybt eyn eln fur 8 groschen / wie viel macht es / thu ym also / lege auff so viel eyn tuch elln hat als 36 schreyb fur dich was eyn elln kost / alls 8 groschen / dardurch multiplicir vnnd mach die groschen zu floren / komen 13 floren / vnnd 15 groschen.

((2)) Item eyner verkaufft 1 tuch hellt 39 elln / gybt eynn elln fur 7 groschenn 9 pfennig / machs also / lege auff 39 elln schreyb fur dich 7 groschen 9 pfennig dardurch multiplicir / lege die groschen allein / vnnd pfennig auch allein / mach pfennig zu groschen / vnnd groschen zu floren / werdenn 14 floren / 8 groschen / vnd 3 pfennig.

		12		95472
		36		286416
7956	mal	50	macht	397800
		72		572832
		84		668304
		96		763776

Gleichförmig sollst du auch multiplizieren mit *drei* Figuren (= Ziffern, also einer dreistelligen Zahl): Schreibe die Zahl für dich, greife auf die dritte Linie darüber und multipliziere von oben herab.

		123		859401
		234		1634958
6987	mal	345	ist	2410515
		456		3186072
		567		3961629

Lege auf 6987, multipliziere, mit welcher Zahl du willst, so hast du dabei, wie viel es macht.

(Es) folgen Exempel, wie man das Multiplizieren gebrauchen soll

((1)) Item einer schneidet zu 1 Tuch, (das) hält 36 Ellen, und gibt 1 Elle für 8 Groschen. Wie viel macht es? Tue dafür wie folgt: Lege auf, so viel 1 Tuch Ellen hat, also 36, schreibe für dich, was 1 Elle kostet, also 8 Groschen, damit multipliziere und mache die Groschen zu Floren, kommen 13 Floren 15 Groschen.

((2)) Item einer verkauft 1 Tuch, (das) hält (hier) 39 (also nicht, wie sonst, 36) Ellen, gibt 1 Elle für 7 Groschen 9 Pfennig. Mache es wie folgt: Lege auf 39 Ellen, schreibe für dich 7 Groschen 9 Pfennig, damit multipliziere, lege die Groschen allein und Pfennig auch allein, mache Pfennig zu Groschen und Groschen zu Floren, werden 14 Floren 8 Groschen 3 Pfennig.

((3)) Item eyner kaufft 1 centner wachs / vnd gybt 1 pff: fur 3 groschen 7 pfennig / wie viel macht |*20* es / thu ym also / lege auff 1 centner / das seindt 112 pfundt / schreyb fur dich was eyn pfundt kost / als 3 groschen / 7 pfen̄ig / dardurch multiplicir / Mach pfen̄ig zu groschen / vnd groschen zu floren / komen 19 floren / 2 groschen / vnd 4 pfennig.

((4)) Item ein eymer weynß helt 18 stubichen / vnd 1 stubichen hellt 4 vierteyl / kost ein vierteyl 8 pfen̄ig / wie viell macht es / thu yhm also / lege auff 1 eymer / das seind 18 stubichen / multiplicir mit 4 / wird 72 / so viel viertel hat 1 eymer / die multiplicir mit 8 pfennig / so viell 1 kandell gylt / werden eyttel pfennig / die mach zu groschen / Darnach groschen zu floren / komen 2 floren / 6 groschen.

((5)) Item eyner kaufft 1 Erfordisch malder korns gybt fur 1 schöffel 2 groschen / 5 pfennig / wie viell machts / thu ym also / lege auff 1 malder / das seindt 16 schöffel / schreyb 2 groschenn / 5 pfenning fur dich / damit multiplicir / Mach pfennig zu groschen / vnd groschen zu floren / facit 1 floren / 17 groschen / vnnd 8 pfennig.

((6)) Item eyner kaufft 3 centner / [3]<2> steyn / 17 pfunt vnnd gybt für 1 pfunt 6 groschen / 7 pfennig 1 heller / wie viell macht es / thu yhm also / lege |*21* auff 3 centner / 2 steyn / 17 pfunt / schreyb 112 pfunt fur dich / multiplicir die 3 centner dardurch / leg zu den pfunden / darnach multiplicir die steyn mit 21 pfunt / leg auch zu den pfunden / werden 395 pfunt / die multiplicir mit 6 groschenn 7 pfennig 1 heller / mach heller zcu pfennig / pfennig zu groschen / vnnd groschen zu floren / so komen 124 floren / 12 groschen / 10 pfennig / 1 heller.

((7)) Item eyner kaufft 78 Eymer 27 viertel vnd gybt fur 1 virtel 9 pfennig / Machs also / lege auff 78 eymer / darneben 27 virtel / mach die eymer zu virtel multiplicir mit 72 lege zu denn virteln komen 5643 virtel die multiplicir mit 9 pfennig / mach pfen̄ig zu groschen / darnach groschenn zu floren / facit 201 floren / 11 groschen / vnnd 3 pfennig.

((3)) Item einer kauft 1 Zentner Wachs und gibt 1 Pfund für 3 Groschen 7 Pfennig. Wie viel macht es? Tue dafür wie folgt: Lege auf 1 Zentner, das sind (hier) 112 Pfund, schreibe für dich, was 1 Pfund kostet, also 3 Groschen 7 Pfennig, damit multipliziere, mache Pfennig zu Groschen und Groschen zu Floren, kommen 19 Floren 2 Groschen 4 Pfennig.

((4)) Item 1 Eimer Weins hält 18 Stübchen und 1 Stübchen hält 4 Viertel. (Es) kostet 1 Viertel 8 Pfennig. Wie viel macht es? Tue dafür wie folgt: Lege auf 1 Eimer, das sind 18 Stübchen, multipliziere mit 4, wird 72, so viel Viertel hat 1 Eimer, die multipliziere mit 8 Pfennig, so viel 1 Kandel (Viertel) gilt. (So) werden pure Pfennig, die mache zu Groschen, danach Groschen zu Floren, kommen 2 Floren 6 Groschen.

((5)) Item einer kauft 1 Erfurter Malter Korns (und) gibt für 1 Scheffel 2 Groschen 5 Pfennig. Wie viel macht es? Tue dafür wie folgt: Lege auf 1 Malter, das sind 16 Scheffel, schreibe 2 Groschen 5 Pfennig für dich, damit multipliziere, mache Pfennig zu Groschen und Groschen zu Floren. Facit 1 Floren 17 Groschen 8 Pfennig.

((6)) Item einer kauft 3 Zentner 2 Stein 17 Pfund und gibt für 1 Pfund 6 Groschen 7 Pfennig 1 Heller. Wie viel macht es? Tue dafür wie folgt: Lege auf 3 Zentner 2 Stein 17 Pfund, schreibe 112 Pfund (da hier 1 Zentner = 112 Pfund) für dich, multipliziere die 3 Zentner damit, lege zu den Pfunden, danach multipliziere die Stein mit 21 Pfund, lege auch zu den Pfunden, werden 395 Pfund, die multipliziere mit 6 Groschen 7 Pfennig 1 Heller, mache Heller zu Pfennig, Pfennig zu Groschen und Groschen zu Floren, so kommen 124 Floren 12 Groschen 10 Pfennig 1 Heller.

((7)) Item einer kauft 78 Eimer 27 Viertel und gibt für 1 Viertel 9 Pfennig. Mache es wie folgt: Lege auf 78 Eimer, daneben 27 Viertel, mache die Eimer zu Viertel, multipliziere mit 72 (da hier 1 Eimer = 72 Viertel), lege zu den Vierteln, kommen 5643 Viertel, die multipliziere mit 9 Pfennig, mache Pfennig zu Groschen, danach Groschen zu Floren. Facit 201 Floren 11 Groschen 3 Pfennig.

((8)) Item eyner kaufft 17 malder / vnd 9 schöffel getreydt gybt fur 1 schöffel 3 groschen 4 pfennig / 1 heller / wie viel macht das / thu ym also lege auff 17 malder 9 schöffel schreyb fur dich / so viel 1 malder schöffel hat / als 16 dardurch multiplicir / lege zcu 9 schöffeln / komenn 281 schöffel / die multiplicir mit 3 groschen 4 pfennig 1 heller / mach heller zu pfennig / pfennig zu |*22* groschen / vnd groschen zu floren / komen 45 floren / 3 groschen / 4 pfennig / vnd 1 heller.

((9)) Item eyner hat 13 arbeyter 17 tag / vnd gybt eynem des tages 15 pfen̄ig / wie viell macht es Thu ym also / setze wie hye. 13. 17. 15. lege auff 13 arbeyter / multiplicir mit 17 tag / werdenn 221 / Die multiplicir fort mit 15 pfennig / mach pfennig zu groschen / vnnd groschen zu floren / komen 13 florenn / 3 groschen / vnnd 3 pfennig.

((10)) Item eyner hat 5 wochen 9 arbeyter / vnd gybt eynem des tages 14 pfennig / wie viel macht es / thu ym also / lege auff 5 wochen / mach darauß tag / multiplicir mit 7 werden 35 / die multiplicir mit 9 arbeyttern werden 315 / multiplicir mit 14 pfennig / mach pfennig zu groschen / darnach groschen zu floren / facit 17 floren / 10 groschenn / 6 pfennig.

Proba.

Wyltu probirn ob du recht multiplicirt hast / oder nicht / so diuidir die zalle die da komen ist / mit der damit du multiplicirt hast / komet dan die auffgelegte zall widder / so hastu es recht gemacht.

Diuidirn.

|*23* Nuhn wil ich dich lernen diuidirn / das heyst teyln eyn zal in die andere / auff das man sehen vn̄ haben mag / wie viel auff eynen teyl komet vnnd solt wissen / das zum diuidirn zwu zalln gehörn / eyne die

((8)) Item einer kauft 17 Malter und 9 Scheffel Getreide, gibt für 1 Scheffel 3 Groschen 4 Pfennig 1 Heller. Wie viel macht das? Tue dafür wie folgt: Lege auf 17 Malter 9 Scheffel, schreibe für dich, so viel 1 Malter Scheffel hat, also 16, damit multipliziere, lege zu 9 Scheffeln, kommen 281 Scheffel, die multipliziere mit 3 Groschen 4 Pfennig 1 Heller, mache Heller zu Pfennig, Pfennig zu Groschen und Groschen zu Floren, kommen 45 Floren 3 Groschen 4 Pfennig 1 Heller.

((9)) Item einer hat 13 Arbeiter 17 Tage und gibt einem pro Tag 15 Pfennig. Wie viel macht es? Tue dafür wie folgt: Setze wie hier: 13. 17. 15. Lege auf 13 Arbeiter, multipliziere mit 17 Tag, werden 221. Die multipliziere fort mit 15 Pfennig, mache Pfennig zu Groschen und Groschen zu Floren, kommen 13 Floren 3 Groschen 3 Pfennig.

((10)) Item einer hat 5 Wochen 9 Arbeiter und gibt einem pro Tag 14 Pfennig. Wie viel macht es? Tue dafür wie folgt: Lege auf 5 Wochen, mache daraus Tag, multipliziere (also) mit 7, werden 35, die multipliziere mit 9 Arbeitern, werden 315, multipliziere mit 14 Pfennig, mache Pfennig zu Groschen, danach Groschen zu Floren. Facit 17 Floren 10 Groschen 6 Pfennig.

Probe

Willst du probieren, ob du richtig multipliziert hast oder nicht, so dividiere die Zahl, die da (ge)kommen ist, durch die, damit du multipliziert hast. Kommt dann die aufgelegte Zahl wieder, so hast du es richtig gemacht.

Dividieren

Nun will ich dich lehren zu dividieren, das heißt teilen eine Zahl durch die andere, auf dass man sehen und haben kann, wie viel auf einen Teil kommt. Und (du) sollst wissen, dass zum Dividieren zwei Zahlen gehö-

geteylt wirdt / vnd die ander darein man teylt / oben soll man anheben / die man teyln wil sol man auflegen / die ander fur sich schreyben / odder im syn behalten / darein man teyln will / So offt du den teyler / das ist die vorgeschriebenn zall nemen magst / so offt nym / vnd lege so viel pfen̄ig sam du genomen hast nyder da der finger ist / Magstu aber den teyler nicht gantz nemen / sonder halb / so nym yn / vnnd lege 1 pfennig in das spacium vnder dem finger wie hye.

	13578		2		
	20367		3		
	27156		4		
Teyl	33945	In	5	facit	[6786]<6789>
	40734		6		
	47523		7		
	54312		8		
	61101		9		

Thu yhm also / lege auff die zall / die du teylln wilt / alls 13578 schreyb fur dich die zall dar |*24* ryn du teylen wilt / als 2 greyff mit dem finger auff die funffte linihenn leyt 1 pfennig / magst den teyler gantz nicht auff heben / sonder halb sprich / halb 2 macht 1 hebe auff 1 vnd lege 1 pfennig in das spaciū vnder dem finger greyff herab so hastu auffm tausent 3 pfennig / nym 2 eynn mal leg nyder 1 pfennig / darnach nym 2 halb / vnnd lege 1 pfennig inn das spacium darunder / alls dann greyff herab / so hastu 5 daruon magstu den teyler 2 mal nemen / sprich 2 mall 2 macht 4 Nym 4 von 5 pleybt 1 lege nyder 2 zu dem halben das du vorgelegt hast / pleyb styll greyffen / nym aber halb 2 das ist 1 lege eynn halbes / greyffe herab da magstu 3 mal nemen / sprich / 3 mal 2 seindt 6 nym 6 von 7 pleybt 1 lege nydder 3 nym aber halb 2 lege nyder greyff herab vnd nym den teyler 4 mal / so hastu 6789.

¶ Wyltu aber eyne zall in zwu figurn diuidirn als 864 in 24 So lege auff 864 schreyb 24 fur dich / merck als offt du die meynste nymest so offt

ren: eine, die geteilt wird, und die andere, durch die man teilt. Oben soll man anfangen. Die man teilen will, soll man auflegen, die andere für sich schreiben oder im Sinn behalten, durch die man teilen will. So oft du den Teiler, das ist die (zu)vor geschriebene Zahl, nehmen kannst, so oft nimm und lege so viel Pfennig, wie (oft) du genommen hast, nieder, da (wo) der Finger ist. Kannst du aber den Teiler nicht ganz nehmen, sondern halb, so nimm ihn und lege 1 Pfennig in das Spacium unter dem Finger wie hier:

	13578		2		
	20367		3		
	27156		4		
Teile	33945	in	5	facit	6789
	40734		6		
	47523		7		
	54312		8		
	61101		9		

Tue dafür wie folgt: Lege auf die Zahl, die du teilen willst, also (etwa) 13578, schreibe für dich die (*ein*stellige) Zahl, durch die du teilen willst, also (etwa) 2, greife mit dem Finger auf die fünfte Linie, (dort) liegt 1 Pfennig. (Du) kannst den Teiler ganz nicht aufheben, sondern halb, sprich: Halb 2 macht 1, hebe auf 1 und lege 1 Pfennig in das Spacium unter dem Finger, greife herab, so hast du auf dem Tausend 3 Pfennig, nimm 2 einmal, lege nieder 1 Pfennig, danach nimm 2 halb und lege 1 Pfennig in das Spacium darunter, alsdann greife herab, so hast du 5, davon kannst du den Teiler 2 mal nehmen, sprich: 2 mal 2 macht 4, nimm 4 von 5, bleibt 1, lege nieder 2 zu (= auf die Linie unter) dem Halben, das du vor(hin) gelegt hast, bleibe still greifen(d), nimm aber halb 2, das ist 1, lege ein Halbes, greife herab, da kannst du 3 mal nehmen, sprich: 3 mal 2 sind 6, nimm 6 von 7, bleibt 1, lege nieder 3, nimm aber halb 2, lege nieder, greife herab und nimm den Teiler 4 mal, so hast du 6789.

Willst du aber eine Zahl durch *zwei* Figuren (= Ziffern, also eine zweistellige Zahl) dividieren, also (etwa) 864 durch 24, so lege auf 864,

soltu absteygent auch die ander nemen / Nym es alhy 3 mal / sprich 3 mal 2 ist 6 hebe auff 6 greyffe herab / sprich / 3 mal 4 seind 12 hebe auff 12 vnnd lege 3 nyder / greyff widder |*25* hynauff / nym halb / sprich / halb 2 ist 1 nym hynwegk / greyff herab / sprich / halb 4 macht 2 hebe auff lege ein halbs nyder / pleyb auff der andern linihen greyffende / sprich 1 mal 2 hebe auff / greyff herab / nym eyn mall 4 ist 4 lege 1 nyder / wirdt 36 recht gemacht.

	95472		12		
	286416		36		
Teyl	397800	In	50	wird	7956
	572832		72		
	668304		84		
	763776		96		

¶ Gleycherweyß soltu auch teyln mitt dreyen figurn so dyr eyn zall vorkomet / nym ein figur so offt sam die andere / So du sie all genomen hast / so lege nyder.

	859401		123		
Teyll	[1934658]<1634958>	In	234	facit	6987
	2410515		345		

wa zcu mann das diuidirn gebrauchen soll.

((11)) Item eyner kaufft 1 tuch fur 17 floren / 9 groschen / wie theur komet yn die eln an / Machs also / leg auff was das tuch kost / als 17 floren |*26* 9 groschenn / schreyb fur dich wie viell 1 tuch eln hat / als 36 damit diuidir / Nu magstu 36 nicht nemen noch auffheben von 17 floren / 9 groschen / Mach der halben die floren zu groschen / werden 366 groschen / teyl ab / komen 10 groschen / bleyben 6 groschen / die mach zu pfen̄ig / werdē 72 teyl auch ab / komen 2 pfennig / also komet 1 eln fur 10 groschen 2 pfennig

schreibe 24 für dich, merke, so oft (wie) du die *meynste* (= Ziffer mit dem höchsten Stellenwert) nimmst, so oft sollst du absteigend auch die ander(e) nehmen. Nimm es allhier 3 mal, sprich: 3 mal 2 ist 6, hebe auf 6, greife herab, sprich: 3 mal 4 sind 12, hebe auf 12 und lege 3 nieder. Greife wieder hinauf, nimm halb, sprich: Halb 2 ist 1, nimm hinweg, greife herab, sprich: Halb 4 macht 2, hebe auf, lege ein Halbes nieder. Bleibe auf der zweiten Linie greifend, sprich: 1 mal 2, hebe auf, greife herab, nimm 1 mal 4, ist 4, lege 1 nieder, wird 36, richtig gemacht.

	95472		12		
	286416		36		
Teile	397800	in	50	wird	7956
	572832		72		
	668304		84		
	763776		96		

Gleicherweise sollst du auch teilen mit *drei* Figuren (= Ziffern, also durch eine dreistellige Zahl), so dir ein(e solche) Zahl vorkommt, nimm eine Figur (= Ziffer) so oft wie die andere. So (oft) du sie alle genommen hast, so lege nieder.

	859401		123		
Teile	1634958	in	234	Facit	6987
	2410515		345		

Wozu man das Dividieren gebrauchen soll

((11)) Item einer kauft 1 Tuch für 17 Floren 9 Groschen. Wie teuer kommt ihn die Elle an? Mache es wie folgt: Lege auf, was das Tuch kostet, also 17 Floren 9 Groschen, schreibe für dich, wie viel 1 Tuch Ellen hat, also 36, dadurch dividiere. Nun kannst du 36 nicht nehmen noch aufheben von 17 Floren 9 Groschen. Mache deswegen die Floren zu Groschen, werden 366 Groschen, teile, kommen 10 Groschen, bleiben 6 Groschen, die mache zu Pfennig, werden 72, teile auch, kommen 2 Pfennig, also kommt 1 Elle für 10 Groschen 2 Pfennig.

((12)) Item eyner kaufft 1 centner wachs fur 17 flo: 11 groschen / 8 pfen̄ig / wie theur komet 1 pfunt Machs also / lege auff was der centner kost / als 17 floren / 11 groschen / 8 pfennig / schreyb fur dich die pfunt des centnerß / als 112 / Darmit diuidir / magst in floren nicht nemen vorwechssel zu groschen / teyl ab / komen 3 grosch ē die vberigen mach zu pfen̄ig / teyl ab / werden 3 pfennig bleyben 56 mach heller werden 112 teyl ab / wirdt 1 heller / komet also 1 pfunt fur 3 groschen / 3 pfennig 1 heller.

Teyler auff zu heben.

Bleybet dyr was vberig / vnd magst solches nicht kleyner vorwechsseln / so lege denn teyler darneben / seyndt beyde zaln geradt / so mach eyne nach der anndern halb / von vnden hyn |*27* auff / sam ich dich im medirn gelernt hab / So lanng vntz eyne vnder denn zweyen vngeradt ader alle beyd werden / alßdann schreib solche zwu zaln fur dich / das vberbleybenn ist oben / Vnnd das ander vnden / Darnach such eyne zall in der beyde zaln zu gleych auffgehabenn mögen werden / Also nym die kleyner von der grösten als offt du magst / das bleybend / nym von der kleynen auch so offt du magst durch ab teylen / also hynfurt / so lang byß eyne zall gantz hynwegk geht / Was dan von der andern bleybet lygen / dardurch soltu beyde zalln auff heben / so komen sie in die kleynsten zalln Bleybt aber 1 ligen / so gehn sie durch keyn zal auff / sonder sie bleyben wie volgende exempel erzeygen.

((13)) Item eyner kaufft 1 eymer weynß fur 2 floren 7 groschen / wie komet 1 viertell / machs also / lege auff 2 floren 7 groschen / schreib fur dich so viel 1 eymer viertel hat / als 72 mach floren zu groschen / magst nicht abteyln / mach pfennig / teyle ab / komenn 8 pfennig / bleybenn 12 pfennig / mach heller / werden 24 / kanst nicht ab teyln / komet 0 heller / lege 72 darneben / hebe auff in halb / so lang du magst / wirdt

((12)) Item einer kauft 1 Zentner Wachs für 17 Floren 11 Groschen 8 Pfennig. Wie teuer kommt 1 Pfund? Mache es wie folgt: Lege auf, was der Zentner kostet, also 17 Floren 11 Groschen 8 Pfennig, schreibe für dich die Pfund des Zentners, also (hier) 112, dadurch dividiere. Kannst du in Floren nicht nehmen, verwandle zu Groschen, teile, kommen 3 Groschen, die übrigen mache zu Pfennig, teile, werden 3 Pfennig, bleiben 56, mache Heller, werden 112, teile, wird 1 Heller, kommt also 1 Pfund für 3 Groschen 3 Pfennig 1 Heller.

Teiler Aufheben (= Kürzen)

Bleibt dir was übrig und kannst (du) solches nicht kleiner verwandeln, so lege den Teiler daneben. Sind beide Zahlen gerade, so mache eine nach der anderen halb, von unten hinauf, wie ich dich im Medieren (= Halbieren) gelehrt habe, so lange, bis eine unter den zwei (Zahlen) ungerade oder alle beide (ungerade) werden. Alsdann schreibe solche (= die durch Halbieren entstandenen) zwei Zahlen für dich (als Bruch). Das Überbleiben ist oben und das andere unten. Danach suche eine Zahl, durch die beide Zahlen in gleicher Weise aufgehoben können werden (= einen gemeinsamen Teiler), wie folgt: Nimm die kleinere von der größten, so oft du kannst, das (übrig) Bleibende nimm von der Kleinen, auch so oft du kannst, durch (subtrahieren oder) teilen, also hinfort (= und so weiter durch Subtrahieren der Reste), so lange, bis eine Zahl ganz hinweg geht. Was dann von der anderen (= vorletzten Berechnung) bleibt liegen (= nämlich der gemeinsame Teiler), dadurch sollst du beide Zahlen aufheben, so kommen sie in die kleinsten Zahlen. Bleibt aber 1 liegen, so gehen sie durch keine Zahl auf, sondern sie bleiben, wie folgende Exempel erzeigen.

((13)) Item einer kauft 1 Eimer Weins für 2 Floren 7 Groschen. Wie kommt 1 Viertel? Mache es wie folgt: Lege auf 2 Floren 7 Groschen, schreibe für dich, wie viel 1 Eimer Viertel hat, also 72, mache Floren zu Groschen, kannst nicht teilen, mache Pfennig, teile, kommen 8 Pfennig, bleiben 12 Pfennig, mache Heller, werden 24, kannst nicht teilen, kommt 0 Heller, lege 72 daneben, hebe auf in halb (= kürze mit 2), so lang du

also |*28* auff eynen teyl 3 auffm anndern 9 schreyb fur dich / neben auß also 3/9 Nym das kleynist vō gröstenn gehet gleych auff bleybenn 3 lygenn / Nun lege beyde zaln nyder / hebe auff durch 3 wirt 1/3 Also kommet 1 virtel fur 8 pfenning 0 heller / vnd 1/3teyle.

((14)) Item 9 gesellen haben zu teyln 576 floren / 8 groschen / wie viel geburdt ydem / machs also leg auff 576 floren / 8 groschen / das gelt welches sie zu teyln haben / schreyb 9 fur dich / dar durch heb es auff / so komet eynem gesellen 64 florenn / 0 groschenn / 10 Pfennig / vnnd <1> heller 1/3teyll eyns hellers.

((15)) Item 1 centner Röt fur 6 floren / 1 ort / wie komet 1 pfundt / thu ym also / leg auff 6 floren / 1 ort / das seindt 5 groschen / 3 pfennig / Mach floren zu groschen / teyle ab mit 112 so komet 1 grosch / 2 pfennig / 0 heller / vnd 1/8teyl.

|*29* ((16)) Item eyn mutter mit funff kynnern haben zu teyln 3789 florenn / 7 groschenn / die mutter nymet den dritteyl / wie viel geburdt ytzlichem kyndt / vnd auch der mutter / machs also / lege auff 3789 floren / 7 groschen / teyll ab mit 3 komen 1263 floren / 2 groschen / 4 pfennig / so viel geburdt der mutter / schreyb fur dich / nym hynwegk vonn der gantzen somma das sie zu teyln haben / bleybet 2526 floren / 4 groschen vnd 8 pfennig / das teyl in die zall der kynder / als 5 wirdt eynem 505 floren / 5 groschenn 1 pfennig / 1 heller / vnnd eynn funffteyll. so viell geburdt / ytzlichem kyndt zu seynem teyll.

((17)) Item eyner kaufft 1 pfunt saffran fur 3 floren 9 groschen / wie komet 1 lot / Machs also / lege auff 3 floren / 9 groschen / mach floren zu groschen / teyl ab mit 32 dann 1 pfunt hat 32 lot / komen 2 groschen / vnd 3 pfennig.

((18)) Item eyner kaufft eyn tonno Hering / hellt 12 schock / kost 7 floren / vnd 3 groschen / wie komet 1 hering / machs also / lege auff 12 schock multiplicir mit 60 / werdē 720 hering / schreyb fur dich ist deyn teyler / Nun lege auff 7 floren 3 groschen / mach floren zu groschenn / vnnd

kannst, wird also auf einen Teil 3, auf dem anderen 9, schreibe für dich neben aus, also 3/9. Nimm das Kleinste vom Größten, gehet gleich auf, bleiben 3 liegen. Nun lege beide Zahlen nieder, hebe auf durch 3 (= kürze mit 3), wird 1/3. Also kommt 1 Viertel für 8 Pfennig 0 Heller 1/3.

((14)) Item 9 Gesellen haben zu teilen 576 Floren 8 Groschen. Wie viel gebührt jedem? Mache es wie folgt: Lege auf 576 Floren 8 Groschen, (also) das Geld, welches sie zu teilen haben, schreibe 9 für dich, dadurch hebe es auf (= teile durch 9), so kommt einem Gesellen 64 Floren 0 Groschen 10 Pfennig 1 Heller 1/3 eines Hellers.

((15)) Item 1 Zentner (hier = 112 Pfund) Röte für 6 Floren 1 Ort. Wie kommt 1 Pfund? Tue dafür wie folgt: Lege auf 6 Floren 1 Ort, das sind 5 Groschen 3 Pfennig. Mache Floren zu Groschen, teile durch 112, so kommt 1 Groschen 2 Pfennig 0 Heller 1/8.

((16)) Item eine Mutter mit fünf Kindern, (die) haben zu teilen 3789 Floren 7 Groschen; die Mutter nimmt ein Drittel. Wie viel gebührt einem jeden Kind und auch der Mutter? Mache es wie folgt: Lege auf 3789 Floren 7 Groschen, teile durch 3, kommen 1263 Floren 2 Groschen 4 Pfennig, so viel gebührt der Mutter, schreibe für dich. Nimm (es) hinweg von der ganzen Summe, die sie zu teilen haben, bleibt 2526 Floren 4 Groschen 8 Pfennig, das teile durch die Zahl der Kinder, also 5, wird einem 505 Floren 5 Groschen 1 Pfennig 1 Heller 1/5. So viel gebührt einem jeden Kind zu seinem Teil.

((17)) Item einer kauft 1 Pfund Safran für 3 Floren 9 Groschen. Wie kommt 1 Lot? Mache es wie folgt: Lege auf 3 Floren 9 Groschen, mache Floren zu Groschen, teile durch 32, denn 1 Pfund hat 32 Lot, kommen 2 Groschen 3 Pfennig.

((18)) Item einer kauft eine Tonne Heringe, (die) hält 12 Schock, kostet 7 Floren 3 Groschen. Wie kommt 1 Hering? Mache es wie folgt: Lege auf 12 Schock, multipliziere mit 60, werden 720 Heringe, schreibe für dich, ist dein Teiler. Nun lege auf 7 Floren 3 Groschen, mache Floren groschenn zu pfenning / diuidir ab / komenn 2 pfennig / vnd 1 heller / so theur 1 hering.

|*30* **Proba.**

Wiltu nun probirn ob du recht diuidirt hast oder nicht / so multiplicir die zall die do komen ist mit der / do mitt du diuidirt hast in ytzliche besonder floren / groschen / pfennig / heller / vnd teyl / mach die teyl zu heller / heller zu pfennig / pfennig zu groschen / vnd groschen zu floren / So komet dye auffgelegte zall wider / so du es recht gemacht hast / wo nicht / so ist es falsch gerechent.

Progressio.

Alhye wyll ich dich lernenn in eyne somma zu brengen / zaln die nach eynander gehenn in naturlicher ordenunge / oder gleychenn mitteln / Thu yhm also / leg die erste vnnd letzste zall zu samenn / was darauß komet / ist es gerade / so medir vnnd multiplicir durch die zall der stet / so hastu die somma / komet aber ein vngleyche zall auß den zusamen legen / so medir die zal der stett / vnd multiplicir dardurch / als volgende exempell außweysen.

Item 7. 8. 9. 10. 11. 12. 13. 14. 15. 16. 17. 18. 19. 20. 21. 22. 23. 24. 25. Wye viell macht es in eyner somma / thu ym also / lege 7 vnd 25 zu |*31* samen / wirdt 32 die medir / wirdt 16 vnd multiplicir durch die zall der stett / als 19 werdenn 304 So viel machenn gemelte zalln in eyner somma.

Item 3. 6. 9. 12. 15. 18. 21. 24. 27. 30. 33. 36. 39. 42. 45. 48. Addir 3 zu 48 wirdt 51 seindt vngeradt / zell die stett 1. 2. 3. &c. wirt 16 die medir / werden 8 multiplicir mit 51 werden 408 so viel macht es / vnnd ist recht gerechnet /

zu Groschen und Groschen zu Pfennig, dividiere, kommen 2 Pfennig 1 Heller, so teuer (ist) 1 Hering.

Probe

Willst du nun probieren, ob du richtig dividiert hast oder nicht, so multipliziere die Zahl, die da (ge)kommen ist, mit der, durch die du dividiert hast, in eine jede (Einheit) gesondert, (also in) Floren, Groschen, Pfennig, Heller und (Bruch-)Teile, mache die Teile zu Heller, Heller zu Pfennig, Pfennig zu Groschen und Groschen zu Floren. So kommt die aufgelegte Zahl wieder, so(fern) du es richtig gemacht hast, wo nicht, so ist es falsch gerechnet.

Progressio (= Zahlenreihen)

Allhier will ich dich lehren, in eine Summe zu bringen Zahlen, die nacheinander gehen in natürlicher Ordnung oder gleichen Mitteln. Tue dafür wie folgt: Lege die erste und letzte Zahl zusammen (und berechne), was daraus kommt. Ist es gerade, so mediere (= halbiere) und multipliziere (es) mit der (An)zahl der (in der Reihe) stehenden (Zahlen), so hast du die Summe. Kommt aber eine ungerade Zahl aus dem Zusammenlegen, so mediere die (An)zahl der (in der Reihe) stehenden (Zahlen) und multipliziere damit, wie folgende Exempel ausweisen.

Item 7. 8. 9. 10. 11. 12. 13. 14. 15. 16. 17. 18. 19. 20. 21. 22. 23. 24. 25. Wie viel macht es in einer Summe? Tue dafür wie folgt: Lege 7 und 25 zusammen, wird 32, die mediere, wird 16, und multipliziere mit der (An)zahl der (in der Reihe) stehenden (Zahlen), also 19, werden 304. So viel machen gemeldete Zahlen in einer Summe.

Item 3. 6. 9. 12. 15. 18. 21. 24. 27. 30. 33. 36. 39. 42. 45. 48. Addiere 3 zu 48, wird 51, sind ungerade, zähl die (An)zahl der (in der Reihe) stehenden (Zahlen) 1. 2. 3. usw., wird 16, die mediere, werden 8, multipliziere mit 51, werden 408, so viel macht es und ist richtig gerechnet.

So aber eyne zall die annder vbertryt zweyfeltigk / dreyfeltigk / vierfeltig &c. So multiplicir die letzte zal mit / so viel wie dan die zaln eynander vbertretten / vonn solichem nym die erste zall / das bleybent diuidr ab mit so viel / wie sie eyn ander vbertretten weniger 1 Als hye.

Item 2. 4. 8. 16. 32. 64. 128. 256. duplir 256 wirt 512 nym hynwegk 2 bleyben 510 teyll ab mitt 2 weniger 1 alls 1 bleybet 510 so viell macht es.

Item 1. 3. 9. 27. 81. 243. 729. 2187. &c. Allhye vberd[z}<r>ytt ein zall die ander dreyfeltig / multiplicir die letzste zall / als 2187 mit 3 wirt 6561 Nym ab die erste alls 1 bleyben 6560 teyll ab mit 3 weniger 1 alls mit 2 wirdt 3280 so viel |*32* macht es in eyner somma / Also der gleychen.

Zu suchen die wurtzell des Quadraten / vnnd auch des Cubics / will ich hye vnderwegenn lassen / sonder mit der zeyt / so ich setzen werdt vō den Regeln Algebre / wil ich die selbigen mit anhangenden exempeln auff das gruntlichest erleutthern.

Detri.

Regula detri / ist eyn Regel von dreyen dingen Setze hynden das du wissen wilt / das ym am namenn gleych ist fornn / vnnd das eynander dingk bedeut mittenn / Als dann lege auff das hynderst / multiplicir mitt dem mitteln was komet teyl ab mit dem fordern / So wirtd komenn das facit / vnnd am namen gleych dem mitteln.

((19)) Item eyner kaufft 32 elln tuchs fur 28 floren wie komen 6 elln / facit 5 floren / 5 groschenn / 3 pfennig / setz also.

32 28 6

Lege auff 6 ellnn / multiplicir mit 28 florenn / komenn 168 / teyll ab mitt 32 / komen 5 floren / bleyben 8 / mach groschen / teyll ab / werden 5 groschen / bleyben auch 8 / mach pfen̄ig / teyl ab / komen 3 pfennig.

So(fern) aber eine Zahl die andere übertritt zweifältig, dreifältig, vierfältig etc., so multipliziere die letzte Zahl mit so viel wie (= mit dem Faktor, um den) dann die Zahlen einander übertreten, von solchem nimm die erste Zahl, das (Ver)bleibende dividiere durch so viel, wie sie einander übertreten, weniger 1, wie hier.

Item 2. 4. 8. 16. 32. 64. 128. 256. Dupliere 256, wird 512, nimm hinweg 2, bleiben 510, teile mit 2 weniger 1, also 1, bleibt 510, so viel macht es.

Item 1. 3. 9. 27. 81. 243. 729. 2187 etc. Allhier übertritt eine Zahl die andere dreifältig. Multipliziere die letzte Zahl, also 2187, mit 3, wird 6561. Nimm ab die erste, also 1, bleiben 6560, teile ab mit 3 weniger 1, also mit 2, wird 3280. So viel macht es in einer Summe. Ebenso (mit anderen Beispielen) dergleichen.

Zu suchen die Wurzel des Quadrats und auch des Kubiks will ich hier unterwegen lassen (= übergehen), sondern mit der Zeit, so ich setzen werde von Regeln (der) Algebra, will ich dieselben mit anhängenden Exempeln auf das Gründlichste erläutern.

Detri (= Dreisatz)

Regula Detri (= Dreisatz) ist eine Regel von drei Dingen. Setze hinten, das du wissen willst, das ihm am Namen gleich ist, vorne, und das ein anderes Ding bedeutet, mitten. Alsdann lege auf das Hinterste, multipliziere mit dem Mittleren, was kommt, teile durch das Vordere. So wird kommen das Facit, und am Namen gleich dem Mittleren.

((19)) Item einer kauft 32 Ellen Tuchs für 28 Floren. Wie kommen 6 Ellen? Facit 5 Floren 5 Groschen 3 Pfennig. Setze wie folgt:

32 28 6

Lege auf 6 Ellen, multipliziere mit 28 Floren, kommen 168, teile durch 32, kommen 5 Floren, bleiben 8, mache Groschen, teile (durch 32), werden 5 Groschen, bleiben auch 8, mache Pfennig, teile (durch 32), kommen 3 Pfennig.

|*33* ((20)) Item 36 pfunt vmb 8 floren / 9 groschen / wie komen 8 pfunt / facit 1 flo: 18 gro: 4 pfe: setz.

36 8.9 8

Mach in der mit floren zu groschen / stet wie volget /

<36 177 groschen. 8>

leg auff das hynderst / multiplicir mit dem mitteln teyl ab / werdē gros: mach flo: Die vberigen gros: mach zu pfen: teyll auch ab.

[36 177 groschen. 8]

((21)) Item 45 elln tuchs fur 13 flo / 17 grosch / wie komen 7 elln / facit 2 flo: 3 gro: 1 pfe: 0 heller / ⅔teyll.

45 13.17 7

Mach in der mit floren zu groschen / stett also

45 290 7

Von gebrochen.

((22)) Item 1 centner Wachß fur 17 floren / 2 vnd eyn halb ort / wie komen 17 pfunt / facit 2 flo: 15 groschen / 2 pfennig / 0 heller / 91 in 110 teyl

110 17⅝ 17

Fur den centner schreyb forn 110 pfunt / fur die drythalben ort ⅝ mitten / als dan brichs also / |*34* lege auff 110 forn / multiplicir mit dem mitteln bruch / alls 8 wirdt 880 setze fornn / Darnach brichs mitten in sich also leg auff 17 darneben 5 multiplicir die 17 mit 8 lege zu den 5 wirt 141 setz mitten vnnd stett also.

880 141 17

Proba.

Wiltu probirn ob du recht gemacht hast oder nicht / so vorker die regel / das hynden gestanden ist / setz forn / das facit mittenn / vnnd das forn

((20)) Item 36 Pfund um 8 Floren 9 Groschen. Wie kommen 8 Pfund? Facit 1 Floren 18 Groschen 4 Pfennig. Setze:

36 8.9 8

Mache in der Mitte Floren zu Groschen, steht wie folgt:

36 177 Groschen 8

Lege auf das Hinterste, multipliziere mit dem Mittleren, teile, werden Groschen, mache Floren. Die übrigen Groschen mache zu Pfennig, teile auch.

((21)) Item 45 Ellen Tuchs für 13 Floren 17 Groschen. Wie kommen 7 Ellen? Facit 2 Floren 3 Groschen 1 Pfennig 0 Heller ⅔.

45 13.17 7

Mache in der Mitte Floren zu Groschen, steht wie folgt:

45 290 7

Brüche

((22)) Item 1 Zentner Wachs für 17 Floren 2½ Ort. Wie kommen 17 Pfund? Facit 2 Floren 15 Groschen 2 Pfennig 0 Heller 91/110.

110 17⅝ 17

Für den Zentner schreibe vorne 110 Pfund, für die 2½ Ort ⅝ in der Mitte, alsdann brich es wie folgt: Lege auf 110 vorne, multipliziere mit dem mittleren Bruch(nenner), also 8, wird 880, setze vorne. Danach brich es in der Mitte in sich, also lege auf 17, daneben 5, multipliziere die 17 mit 8, lege zu den 5, wird 141, setze in der Mitte, und (es) steht wie folgt:

880 141 17

Probe

Willst du probieren, ob du (es) richtig gemacht hast oder nicht, so kehre die Regel um: Das hinten gestanden ist, setze vorne, das Facit in die

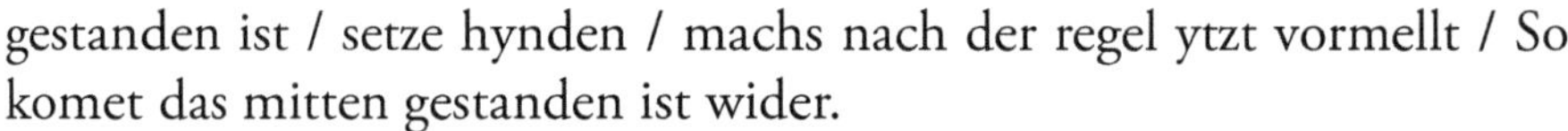
gestanden ist / setze hynden / machs nach der regel ytzt vormellt / So komet das mitten gestanden ist wider.

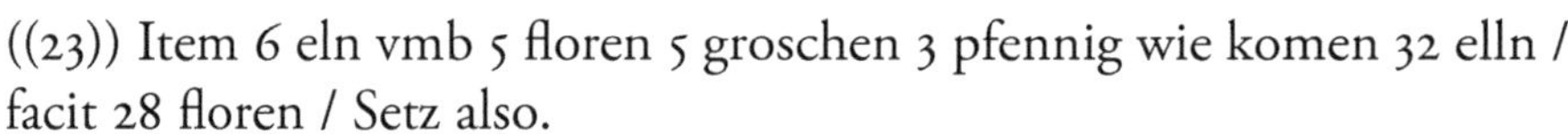
((23)) Item 6 eln vmb 5 floren 5 groschen 3 pfennig wie komen 32 elln / facit 28 floren / Setz also.

6 5.5.3 32

Mach in der mit flo: zu gros: gros / zu pfe: stet

6 1323 32

Lege auff 32 multiplicir mit 1323 diuidir ab / komen pfennig mach grosch vn̄ gros: zu flo:

((24)) [Iten]<Item> 8 pfunt fur 1 flo: 18 gros: 4 pfe: wie komen 36 pfunt / facit 8 floren / vnd [6]<9> gros: setz

8 1.18.4 36

Mach in der mit eytel pfe: stet

8 472 36

|*35* ((25)) Item 7 eln fur 2 flo / 3 grosch: 1 pfe: 0 hel. 2/3 wie komen 45 elln / facit 13 floren / 17 groschen

7 2.3.1.0 2/3 45

Gehe mitt dem bruch herfur / leg auff 7 multiplicir mit 3 wirt 21 setz forn / darnach mach in der mit eytel heller / werden 1082 die brich mit 3 multiplicir / leg dar zu 2 wirdt 3248 setz mitten stet also.

21 3248 45

Multiplicir / diuidir / werdē eytel heller darauß mach pfe / pfe: zu groschen / vnd gro: zu floren

((26)) Itē 17 pfunt wachs fur 2 flo: 15 gro: 2 pfen. 0 heller 91/110teyl / wie 1 cen: facit 17 floren 13 gro: 1 pfe: vnd 1 hel.

17 2.15.2.0 91/110 110

Machs nach dem ytzt gesatzten exempel stet.

1870 151011 110

Mitte, und das vorne gestanden ist, setze hinten. Mache es nach der Regel, (die) jetzt (eben) vermeldet (ist). So kommt das, (was) in der Mitte gestanden ist, wieder.

((23, invertiert 19)) Item 6 Ellen um 5 Floren 5 Groschen 3 Pfennig. Wie kommen 32 Ellen? Facit 28 Floren. Setze wie folgt:

6 5.5.3 32

Mache in der Mitte Floren zu Groschen, Groschen zu Pfennig, steht:

6 1323 32

Lege auf 32, multipliziere mit 1323, dividiere, kommen Pfennig, mache Groschen und Groschen zu Floren.

((24, invertiert 20)) Item 8 Pfund für 1 Floren 18 Groschen 4 Pfennig. Wie kommen 36 Pfund? Facit 8 Floren 9 Groschen. Setze:

8 1.18.4 36

Mache in der Mitte pure Pfennig, steht:

8 472 36

((25, invertiert 21)) Item 7 Ellen für 2 Floren 3 Groschen 1 Pfennig 0 Heller ⅔. Wie kommen 45 Ellen? Facit 13 Floren 17 Groschen.

7 2.3.1.0 ⅔ 45

Gehe mit dem Bruch(nenner) hervor, lege auf 7, multipliziere mit 3, wird 21, setze vorne, danach mache in der Mitte pure Heller, werden 1082, die brich durch 3, multipliziere, lege dazu 2, wird 3248, setze mitten, steht wie folgt:

21 3248 45

Multipliziere, dividiere, werden pure Heller daraus, mache Pfennig, Pfennig zu Groschen und Groschen zu Floren.

((26, invertiert 22)) Item 17 Pfund Wachs für 2 Floren 15 Groschen 2 Pfennig 0 Heller 91/110. Wie 1 Zentner? Facit 17 Floren 13 Groschen 1 Pfennig 1 Heller.

17 2.15.2.0 91/110 110

Mache es nach dem jetzt (eben) gesetzten Exempel. Steht:

1870 151011 110

((27)) Item 1 pfunt fur 7 pfen: wie komet 1 centner facit 3 floren / 1 groschen / vnd 2 pfennig / setz.

1 7 110

Fur den centner schreyb hyndenn 110 pfundt multiplicir / mach pfennig zu groschen / vnnd groschen zu florē / dorffest nicht abteylen noch auff heben / wen eynß forn stett.

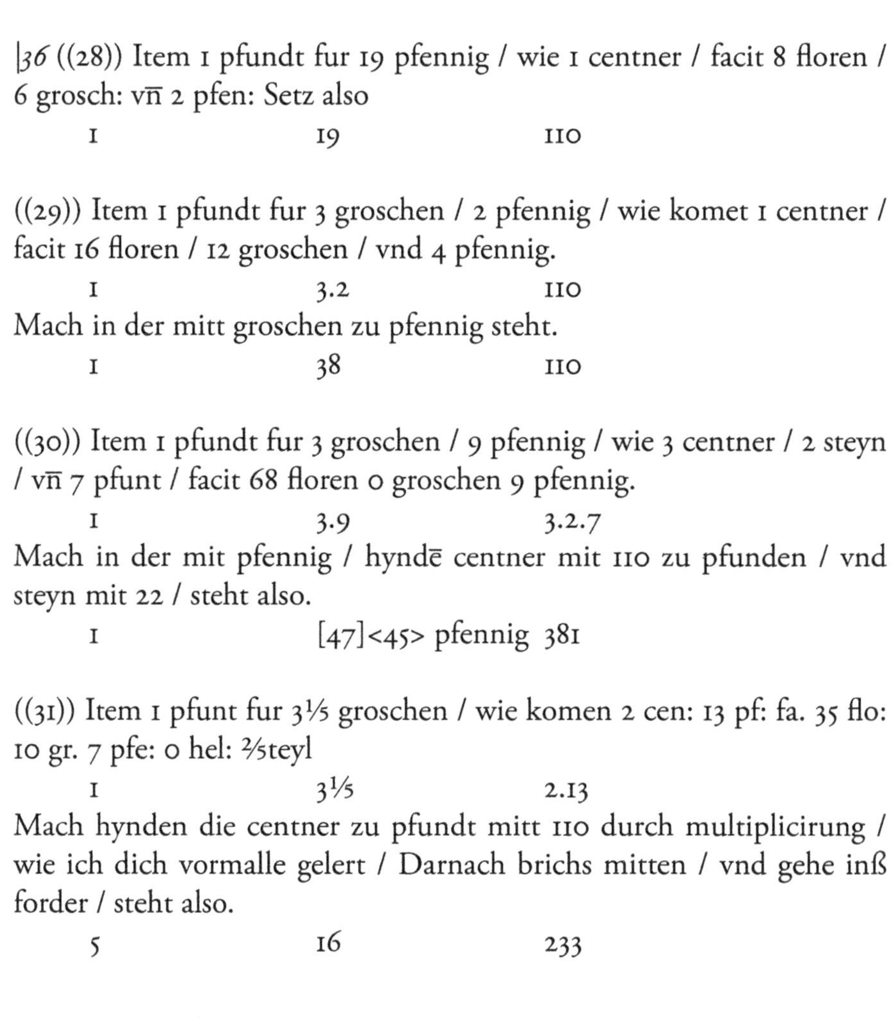

|*36* ((28)) Item 1 pfundt fur 19 pfennig / wie 1 centner / facit 8 floren / 6 grosch: vn̄ 2 pfen: Setz also

1 19 110

((29)) Item 1 pfundt fur 3 groschen / 2 pfennig / wie komet 1 centner / facit 16 floren / 12 groschen / vnd 4 pfennig.

1 3.2 110

Mach in der mitt groschen zu pfennig steht.

1 38 110

((30)) Item 1 pfundt fur 3 groschen / 9 pfennig / wie 3 centner / 2 steyn / vn̄ 7 pfunt / facit 68 floren 0 groschen 9 pfennig.

1 3.9 3.2.7

Mach in der mit pfennig / hyndē centner mit 110 zu pfunden / vnd steyn mit 22 / steht also.

1 [47]<45> pfennig 381

((31)) Item 1 pfunt fur $3\frac{1}{5}$ groschen / wie komen 2 cen: 13 pf: fa. 35 flo: 10 gr. 7 pfe: 0 hel: $\frac{2}{5}$teyl

1 $3\frac{1}{5}$ 2.13

Mach hynden die centner zu pfundt mitt 110 durch multiplicirung / wie ich dich vormalle gelert / Darnach brichs mitten / vnd gehe inß forder / steht also.

5 16 233

(Weitere Exempel)

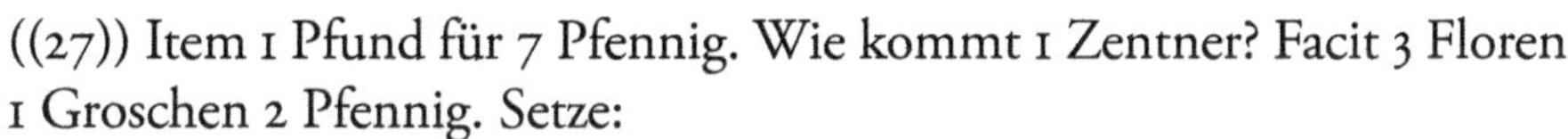

((27)) Item 1 Pfund für 7 Pfennig. Wie kommt 1 Zentner? Facit 3 Floren 1 Groschen 2 Pfennig. Setze:

1	7	110

Für den Zentner schreibe hinten 110 Pfund, multipliziere, mache Pfennig zu Groschen und Groschen zu Floren; du darfst nicht teilen noch aufheben (kürzen), wenn 1 vorne steht.

((28)) Item 1 Pfund für 19 Pfennig. Wie 1 Zentner? Facit 8 Floren 6 Groschen 2 Pfennig. Setze wie folgt:

1	19	110

((29)) Item 1 Pfund für 3 Groschen 2 Pfennig. Wie kommt 1 Zentner? Facit 16 Floren 12 Groschen 4 Pfennig.

1	3.2	110

Mache in der Mitte Groschen zu Pfennig, steht:

1	38	110

((30)) Item 1 Pfund für 3 Groschen 9 Pfennig. Wie 3 Zentner 2 Stein 7 Pfund? Facit 68 Floren 0 Groschen 9 Pfennig.

1	3.9	3.2.7

Mache in der Mitte Pfennig, hinten Zentner mit 110 zu Pfunden, und Stein mit 22, steht wie folgt:

1	45 Pfennig	381

((31)) Item 1 Pfund für 3⅕ Groschen. Wie kommen 2 Zentner 13 Pfund? Facit 35 Floren 10 Groschen 7 Pfennig 0 Heller ⅖.

1	3⅕	2.13

Mache hinten die Zentner zu Pfund mit 110 durch Multiplizierung, wie ich dich vormals gelehrt (hat), danach brich es mitten und gehe ins Vordere, steht wie folgt:

5	16	233

|*37* ((32)) Item 1 pfunt fur 3 groschen / 9 pfe: ⅓ wie komet 1 cent: facit 19 flo: 16 gr. 6 pfe. 1 heller ⅓

1 3.9⅓ 110

Schreyb fur den centner 110 pfunt / gehe mitt dem bruch herfur / mach mitten groschen zu pfennig / brichs vnd stet.

3 136 110

((33)) Item 1 steyn vnnßlet fur 17 gros: 9 pfen: wie 1 pfunt / facit 9 pfen: 1 heller / vnd 4 eylffteyl.

1 17.9 1

Vor den steyn 22 pfunt / vnd mitten die gros. zu pfennig / steht also.

22 213 1

((34)) Item 1 cen: wachß fur 16 flo: 1 halb ort / wie komet 1 pfunt / facit 3 grosch. 0 pfen. 1 heller. 97/110

110 16⅛ 1

Vor den halbenn ort schreyb mitten ⅛teyl darnach brichs / vn̄ gehe wie ich vnderweyst steht also.

880 129 1

((35)) Item 1 centner fur 9 floren / 1 ort / wie 1 pfunt facit 1 groschen / 9 pfennig / 0 heller / vnnd 21 funff vnd funfftzigk tteyll eynes hellers. |*38*

110 9¼ 1

Schreyb vor denn ort mittenn ¼ Brichs stet also.

440 37 1

((36)) Item 1 steyn fur ½ flo: wie komen 16 pfu: fa: 7 gros: 7 pfen: 1 hellerr 3/11teyll

22 ½ 16

Gehe mit dē bruch herfur / vn̄ schreyb dz ober in der mit ob dē strichlein mitten

44 1 16

((32)) Item 1 Pfund für 3 Groschen 9 Pfennig ⅓. Wie kommt 1 Zentner? Facit 19 Floren 16 Groschen 6 Pfennig 1 Heller ⅓.

1 3.9⅓ 110

Schreibe für den Zentner 110 Pfund, gehe mit dem Bruch(nenner) hervor, mache mitten Groschen zu Pfennig, brich es und steht:

3 136 110

((33)) Item 1 Stein Unschlitt für 17 Groschen 9 Pfennig. Wie 1 Pfund? Facit 9 Pfennig 1 Heller 4/11.

1 17.9 1

Vorne den Stein 22 Pfund, und mitten die Groschen zu Pfennig, steht wie folgt:

22 213 1

((34)) Item 1 Zentner Wachs für 16 Floren ½ Ort. Wie kommt 1 Pfund? Facit 3 Groschen 0 Pfennig 1 Heller 97/110.

110 16⅛ 1

Für den ½ Ort schreibe mitten ⅛, danach brich es und gehe, wie ich unterwiesen habe; steht wie folgt:

880 129 1

((35)) Item 1 Zentner für 9 Floren 1 Ort. Wie 1 Pfund? Facit 1 Groschen 9 Pfennig 0 Heller 21/55 eines Hellers.

110 9¼ 1

Schreibe für den Ort mitten ¼, brich es, steht wie folgt:

440 37 1

((36)) Item 1 Stein für ½ Floren. Wie kommen 16 Pfund? Facit 7 Groschen 7 Pfennig 1 Heller 3/11.

22 ½ 16

Gehe mit dem Bruch(nenner) hervor und schreibe das Obere in der Mitte über dem Strichlein mitten

44 1 16

((86)) Item funff körb mit Veygen wegen 2 cen. 18 pfunt / der ander 3 cen. 7 pfunt / der drit 5 cen. 9 pfu. der vierd 3 cen. 45 pfu. vnd der funfft 4 cen. 78 pfunt / tara auff yden korb 14 pfu. kost 1 centner 5 flo. 3 ort / facit 102 flo. 15 ß. 0 heller / vn̄ drey funffteyl / machs also / somir zu samen / mach centner zcu pfundt / nym ab das tara / vnd setz also.

<100 5¾ 1787>

Brichs vnd gehe stet

400 23 1787

[100 5¾ 1787]

((87)) Item 5 Vesser mit vnslet wegen 8 cen. 13 pfu. 5 cent. 12 pfunt / 4 cent. 17 pfunt / 9 cent. 35 pfunt / vn̄ 3 cen. 15 pfu. tara auff ydes vahs |*54* 21 pfunt / vnd kost eyn centner 2 floren / vnnd 2½ ort / facit 75 flo. 15 ß. 8 heller vnd ⅒teyl

100 2⅝ 2887

Machs also / somir zu samen / mach cen. zu pfunt / nym ab das tara / bleyben 2887 setz / Brichs gehe inß forder / stet

800 21 2887

((88)) Item 4 lagel mit Oll wegen 4 centner 13 pfu. 3 cen. 21 pfunt / 5 cen. 16 punt / vn̄ 3 cen. 75 pfunt / tara auff 1 cen. 11 pfu. kost 1 cen. 7 flo. 1½ ort / facit 107 floren / 19 ß. 4 heller 6/37teyl

Sommir zu samen / nyhm nicht ab das tara / sonder addir es dem centner / setz forn also.

111 7⅜ 1625

brichs vn̄ gehe inß forder

888 59 1625

((89)) Item man kaufft 3 tonnen mit hönig / wegen 6 cen. 45 pfunt / 3 cen. 13 pfu. vnd 5 centner / 48 pfu. tara auff 1 cent. 12 pfunt / vnd man gybt 14 pfu. fur 1½ flo. facit 144 floren 1 ß. 4 heller 26/49teyl / Somir zu samen / nym nicht ab |*55* das tara dieweil auff 1 cen: wirt 1506 pfunt die merck / vnd rechen wie 1 centner / sprich / 14 pfu: fur 1½ flo: wie komē 100 pfu: fa: 10 5/7 flo: nun addir das tara zum cent. setz wie hye

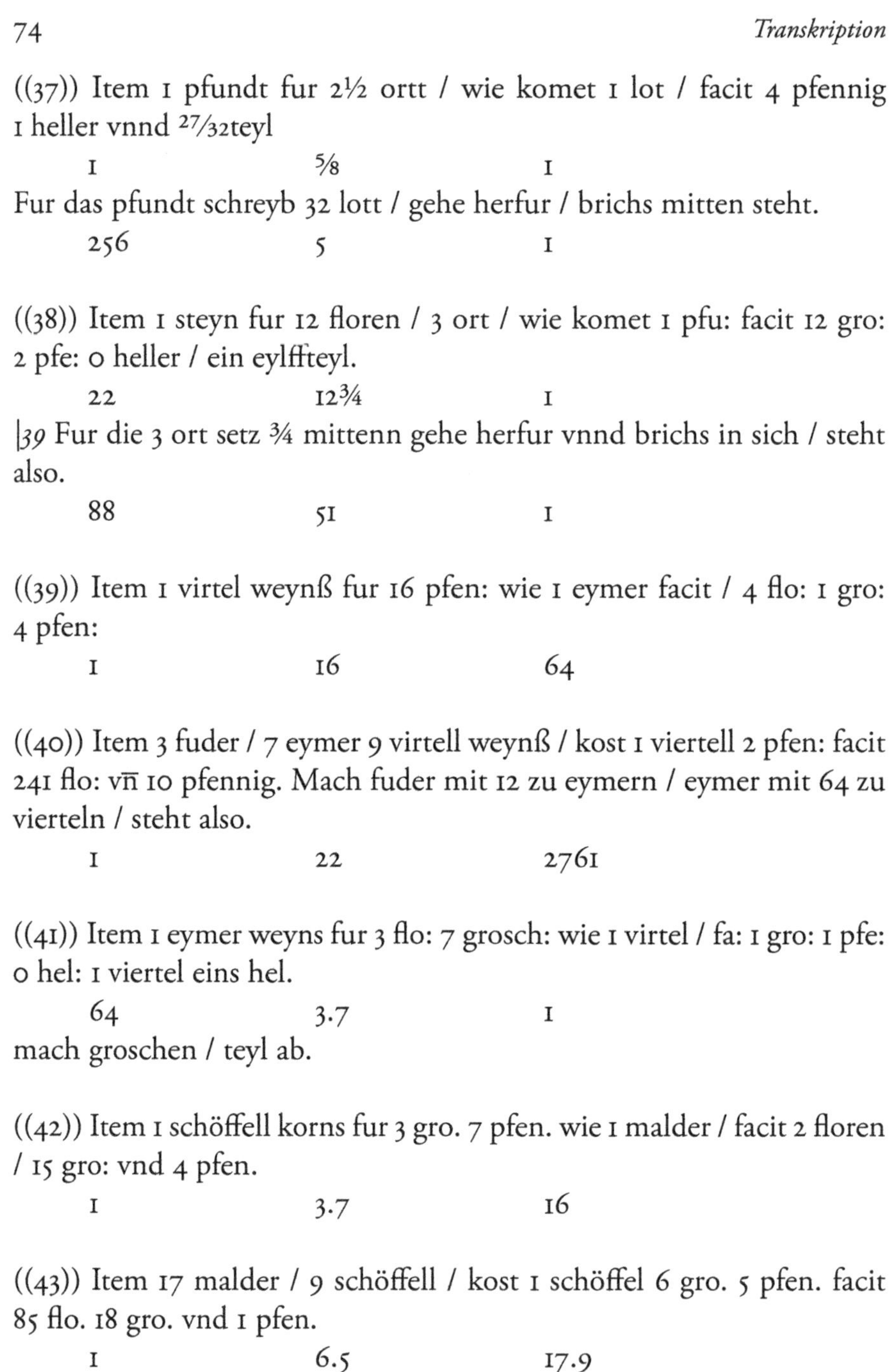

((37)) Item 1 pfundt fur 2½ ortt / wie komet 1 lot / facit 4 pfennig 1 heller vnnd $^{27}/_{32}$teyl

1   ⅝   1

Fur das pfundt schreyb 32 lott / gehe herfur / brichs mitten steht.

256   5   1

((38)) Item 1 steyn fur 12 floren / 3 ort / wie komet 1 pfu: facit 12 gro: 2 pfe: 0 heller / ein eylfflteyl.

22   12¾   1

|*39* Fur die 3 ort setz ¾ mittenn gehe herfur vnnd brichs in sich / steht also.

88   51   1

((39)) Item 1 virtel weynß fur 16 pfen: wie 1 eymer facit / 4 flo: 1 gro: 4 pfen:

1   16   64

((40)) Item 3 fuder / 7 eymer 9 virtell weynß / kost 1 viertell 2 pfen: facit 241 flo: vn̄ 10 pfennig. Mach fuder mit 12 zu eymern / eymer mit 64 zu vierteln / steht also.

1   22   2761

((41)) Item 1 eymer weyns fur 3 flo: 7 grosch: wie 1 virtel / fa: 1 gro: 1 pfe: 0 hel: 1 viertel eins hel.

64   3.7   1

mach groschen / teyl ab.

((42)) Item 1 schöffell korns fur 3 gro. 7 pfen. wie 1 malder / facit 2 floren / 15 gro: vnd 4 pfen.

1   3.7   16

((43)) Item 17 malder / 9 schöffell / kost 1 schöffel 6 gro. 5 pfen. facit 85 flo. 18 gro. vnd 1 pfen.

1   6.5   17.9

((37)) Item 1 Pfund für 2½ Ort. Wie kommt 1 Lot? Facit 4 Pfennig 1 Heller 27/32.

1	5/8	1

Für das Pfund schreibe 32 Lot, gehe hervor, brich es mitten, steht:

256	5	1

((38)) Item 1 Stein für 12 Floren 3 Ort. Wie kommt 1 Pfund? Facit 12 Groschen 2 Pfennig 0 Heller 1/11.

22	12¾	1

Für die 3 Ort setze ¾ mitten, gehe hervor und brich es in sich, steht wie folgt:

88	51	1

((39)) Item 1 Viertel Weins für 16 Pfennig. Wie 1 Eimer? Facit 4 Floren 1 Groschen 4 Pfennig:

1	16	64

((40)) Item 3 Fuder 7 Eimer 9 Viertel Weins, kostet 1 Viertel 2 Pfennig. Facit 241 Floren 10 Pfennig. Mache Fuder mit 12 zu Eimern, Eimer mit 64 zu Vierteln; steht wie folgt:

1	22	2761

((41)) Item 1 Eimer Weins für 3 Floren 7 Groschen. Wie 1 Viertel? Facit 1 Groschen 1 Pfennig 0 Heller ¼ Heller.

64	3.7	1

Mache Groschen, teile.

((42)) Item 1 Scheffel Korns für 3 Groschen 7 Pfennig. Wie 1 Malter? Facit 2 Floren 15 Groschen 4 Pfennig.

1	3.7	16

((43)) Item 17 Malter 9 Scheffel. (Es) kostet 1 Scheffel 6 Groschen 5 Pfennig. Facit 85 Floren 18 Groschen 1 Pfennig

1	6.5	17.9

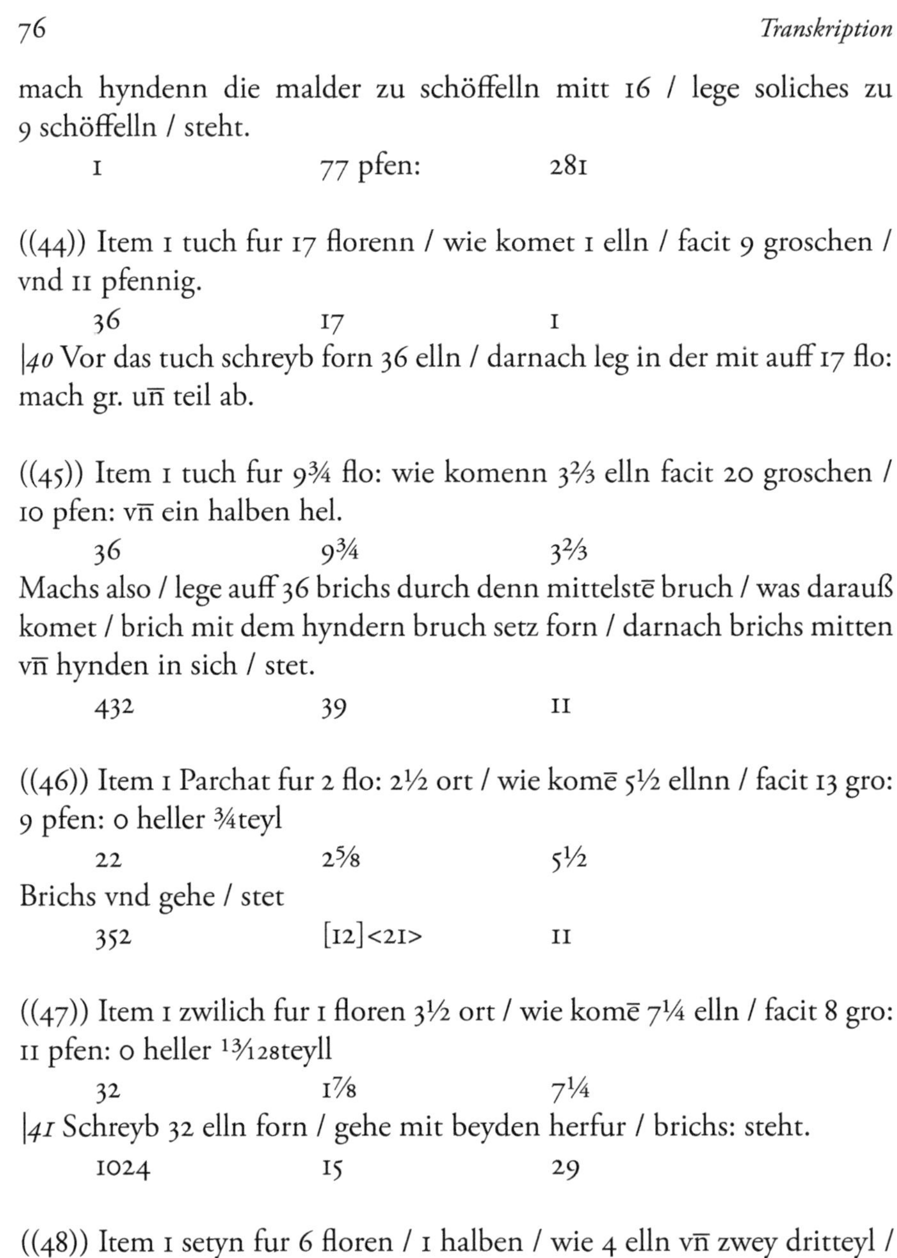

mach hyndenn die malder zu schöffelln mitt 16 / lege soliches zu 9 schöffelln / steht.

I 77 pfen: 281

((44)) Item I tuch fur 17 florenn / wie komet I elln / facit 9 groschen / vnd 11 pfennig.

36 17 I

|*40* Vor das tuch schreyb forn 36 elln / darnach leg in der mit auff 17 flo: mach gr. vñ teil ab.

((45)) Item I tuch fur 9¾ flo: wie komenn 3⅔ elln facit 20 groschen / 10 pfen: vñ ein halben hel.

36 9¾ 3⅔

Machs also / lege auff 36 brichs durch denn mittelstē bruch / was darauß komet / brich mit dem hyndern bruch setz forn / darnach brichs mitten vñ hynden in sich / stet.

432 39 11

((46)) Item I Parchat fur 2 flo: 2½ ort / wie komē 5½ ellnn / facit 13 gro: 9 pfen: 0 heller ¾teyl

22 2⅝ 5½

Brichs vnd gehe / stet

352 [12]<21> 11

((47)) Item I zwilich fur I floren 3½ ort / wie komē 7¼ elln / facit 8 gro: 11 pfen: 0 heller 13/128teyll

32 1⅞ 7¼

|*41* Schreyb 32 elln forn / gehe mit beyden herfur / brichs: steht.

1024 15 29

((48)) Item I setyn fur 6 floren / I halben / wie 4 elln vñ zwey dritteyl / facit I flo: 5 gr. 6 pfe: I hel

24 6½ 4⅔

Fur den setyn schreyb 24 elln / gehe vñ brichs wie angezeygt.

144 13 14

Mache hinten die Malter zu Scheffeln mit 16, lege solches zu 9 Scheffeln, steht:

1 77 Pfennig 281

((44)) Item 1 Tuch für 17 Floren. Wie kommt 1 Elle? Facit 9 Groschen 11 Pfennig.

36 17 1

Für das Tuch schreibe vorne 36 Ellen, danach lege in der Mitte auf 17 Floren, mache Groschen und teile.

((45)) Item 1 Tuch für 9¾ Floren. Wie kommen 3⅔ Ellen? Facit 20 Groschen 10 Pfennig ½ Heller.

36 9¾ 3⅔

Mache es wie folgt: Lege auf 36, brich es durch den mittelsten Bruch, was daraus kommt, brich mit dem hinteren Bruch, setze vorne, danach brich es mitten und hinten in sich, steht:

432 39 11

((46)) Item 1 Parchat für 2 Floren 2½ Ort. Wie kommen 5½ Ellen? Facit 13 Groschen 9 Pfennig 0 Heller ¾.

22 2⅝ 5½

Brich es und gehe, steht:

352 21 11

((47)) Item 1 Zwillich für 1 Floren 3½ Ort. Wie kommen 7¼ Ellen? Facit 8 Groschen 11 Pfennig 0 Heller 13⁄128.

32 1⅞ 7¼

Schreibe 32 Ellen vorne, gehe mit beiden nach vorne, brich es. Steht:

1024 15 29

((48)) Item 1 Satin für 6 Floren ½. Wie 4 Ellen und ⅔? Facit 1 Floren 5 Groschen 6 Pfennig 1 Heller.

24 6½ 4⅔

Für den Satin schreibe 24 Ellen, gehe und brich es, wie angezeigt.

144 13 14

((49)) Item eyn harres helt 48 elln / kost 5½ floren wie komen 11¾ elln / facit 1 floren / 7 groschen 3 pfennig / 0 heller / vnd 9/16teyll.

48 5½ 11¾

Brichs vnd gehe.

384 11 47

((50)) Item 1 Damaschkt kost 17 flo: drithalben ort wie komen 7 elln / facit 7 floren / 10 groschen 0 pfennig / 0 heller / vnd 6 eylffteyll.

16½ 17⅝ 7

Vor denn Damaschkt schreyb forn / 16½ elln Brichs forn in sich / gehe mit dem mitteln dar|*42*ein / was komet setz forn / brichs mitten in sich vn̄ gehe mit dem fordern bruch inß hinder stet

264 141 14

((51)) Item 1 centner Zwippelnsamen fur 16 floren / wie viel pfunt fur 1 floren / facit 6 pfu. 28 lot

16 110 1

Setz forn / vnd hynden floren / mitten pfunt

((52)) Item 1 cen: fur 17 flo: 2½ ort / wieuiel pfunt komenn fur 3½ flo. fa: 21 pfu: 27 lot 1/141teyl

17⅝ 110 3½

Setz forn / vnd hynden flo. brichs forn in sich gehe mit dē hyndern darein / setz forn / darnach brichs hynden / gehe mit dē fordern darein / stet

282 110 56

((53)) Item 1 tuch helt 36 elln / kost 16 floren ½ ortt wiuiel elln komen fur 3 flo. 16 gro. fa. 8 eln 1 virtel / vnd 179/301

16⅛ 36 3.16

Mach hynden gro. brichs mit dem fordern / Brichs forn in sich / vnd mach groschen / stet

2709 36 632

((49)) Item ein Harras hält 48 Ellen, kostet 5½ Floren. Wie kommen 11¾ Ellen? Facit 1 Floren 7 Groschen 3 Pfennig 0 Heller 9/16.

48 5½ 11¾

Brich es und gehe.

384 11 47

((50)) Item 1 Damast kostet 17 Floren 2½ Ort. Wie kommen 7 Ellen? Facit 7 Floren 10 Groschen 0 Pfennig 0 Heller 6/11.

16½ 17⅝ 7

Für den Damast schreibe vorne 16½ Ellen. Brich es vorne in sich, gehe mit dem mitteln darein, was kommt, setze vorne, brich es mitten in sich und gehe mit dem vorderen Bruch(nenner) ins Hintere. Steht:

264 141 14

((51)) Item 1 Zentner Zwiebelsamen für 16 Floren. Wie viel Pfund für 1 Floren? Facit 6 Pfund 28 Lot.

16 110 1

Setze vorne und hinten Floren, mitten Pfund.

((52)) Item 1 Zentner für 17 Floren 2½ Ort. Wie viel Pfund kommen für 3½ Floren? Facit 21 Pfund 27 Lot 1/141.

17⅝ 110 3½

Setze vorne und hinten Floren, brich es vorne in sich, gehe mit dem Hinteren darein, setze vorne, danach brich es hinten, gehe mit dem Vorderen darein, steht:

282 110 56

((53)) Item 1 Tuch hält 36 Ellen, kostet 16 Floren ½ Ort. Wie viel Ellen kommen für 3 Floren 16 Groschen? Facit 8 Ellen 1 Viertel und 179/301.

16⅛ 36 3.16

Mache hinten Groschen, brich es mit dem Vorderen, brich es vorne in sich und mache Groschen. Steht:

2709 36 632

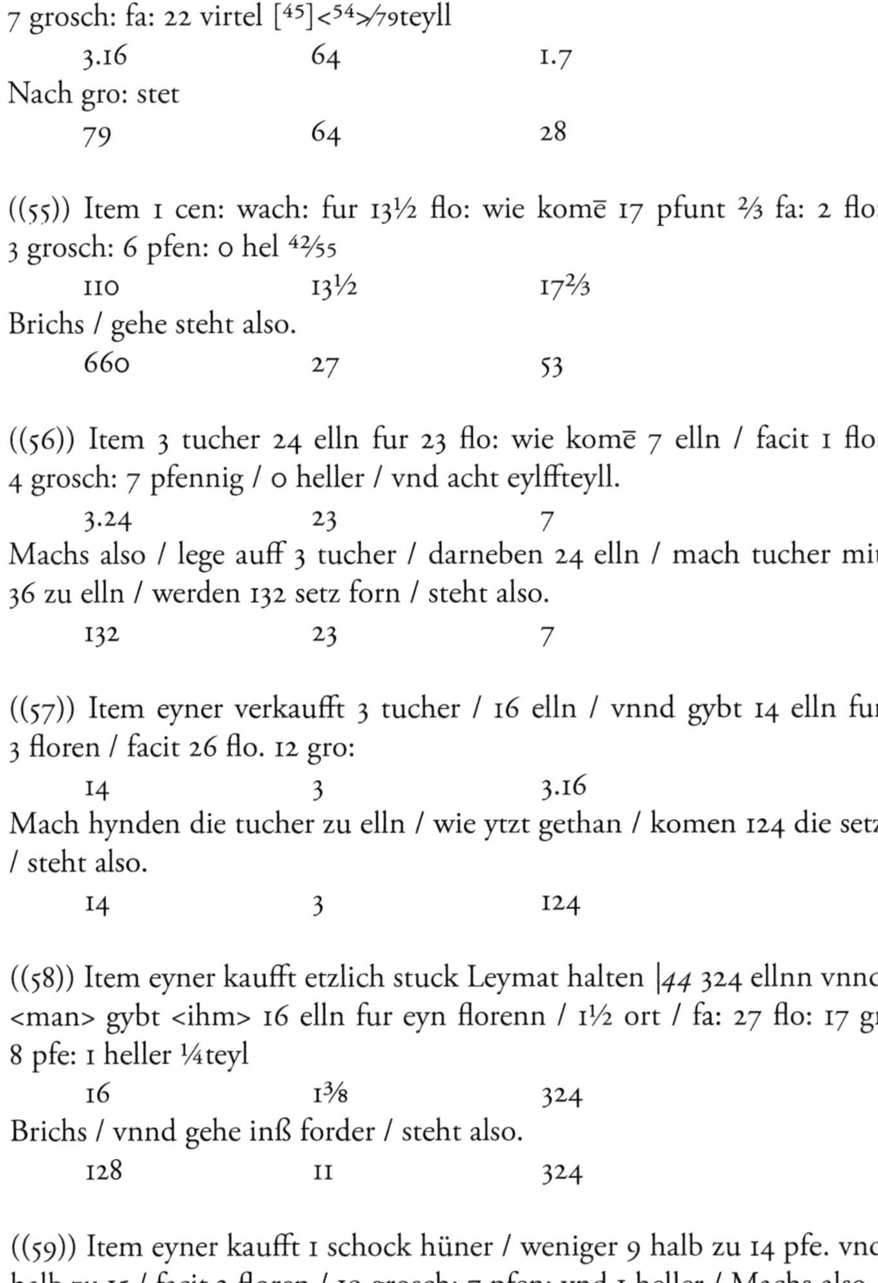

|*43* ((54)) Item 1 eymer weyn<s> kost 3 flo: 16 gro: wieuiel virtel fur 1 flo: 7 grosch: fa: 22 virtel [45]<54>/79teyll

3.16 64 1.7

Nach gro: stet

79 64 28

((55)) Item 1 cen: wach: fur 13½ flo: wie komē 17 pfunt ⅔ fa: 2 flo: 3 grosch: 6 pfen: 0 hel 42/55

110 13½ 17⅔

Brichs / gehe steht also.

660 27 53

((56)) Item 3 tucher 24 elln fur 23 flo: wie komē 7 elln / facit 1 flo: 4 grosch: 7 pfennig / 0 heller / vnd acht eylffteyll.

3.24 23 7

Machs also / lege auff 3 tucher / darneben 24 elln / mach tucher mit 36 zu elln / werden 132 setz forn / steht also.

132 23 7

((57)) Item eyner verkaufft 3 tucher / 16 elln / vnnd gybt 14 elln fur 3 floren / facit 26 flo. 12 gro:

14 3 3.16

Mach hynden die tucher zu elln / wie ytzt gethan / komen 124 die setz / steht also.

14 3 124

((58)) Item eyner kaufft etzlich stuck Leymat halten |*44* 324 ellnn vnnd <man> gybt <ihm> 16 elln fur eyn florenn / 1½ ort / fa: 27 flo: 17 gr 8 pfe: 1 heller ¼teyl

16 1⅜ 324

Brichs / vnnd gehe inß forder / steht also.

128 11 324

((59)) Item eyner kaufft 1 schock hüner / weniger 9 halb zu 14 pfe. vnd halb zu 15 / facit 2 floren / 19 grosch: 7 pfen: vnd 1 heller / Machs also /

((54)) Item 1 Eimer Weins kostet 3 Floren 16 Groschen. Wie viel Viertel für 1 Floren 7 Groschen? Facit 22 Viertel 54/79.

3.16	64	1.7

Nach Groschen steht:

79	64	28

((55)) Item 1 Zentner Wachs für 13 1/2 Floren. Wie kommen 17 Pfund 2/3? Facit 2 Floren 3 Groschen 6 Pfennig 0 Heller 42/55.

110	13½	17⅔

Brich es, gehe, steht wie folgt:

660	27	53

((56)) Item 3 Tücher 24 Ellen für 23 Floren. Wie kommen 7 Ellen? Facit 1 Floren 4 Groschen 7 Pfennig 0 Heller 8/11.

3.24	23	7

Mache es wie folgt: Lege auf 3 Tücher, daneben 24 Ellen, mache Tücher mit 36 zu Ellen, werden 132, setze vorne, steht wie folgt:

132	23	7

((57)) Item einer verkauft 3 Tücher 16 Ellen und gibt 14 Ellen für 3 Floren. Facit 26 Floren 12 Groschen.

14	3	3.16

Mache hinten die Tücher zu Ellen, wie jetzt (eben) getan, kommen 124, die setze, steht wie folgt:

14	3	124

((58)) Item einer kauft einige Stück Leinwand, (die) halten 324 Ellen, und (man) gibt 16 Ellen für 1 Floren 1½ Ort. Facit 27 Floren 17 Groschen 8 Pfennig 1 Heller ¼.

16	1⅜	324

Brich es, und gehe ins Vordere, steht wie folgt:

128	11	324

((59)) Item einer kauft 1 Schock Hühner weniger 9, halb zu 14 Pfennig und halb zu 15. Facit 2 Floren 19 Groschen 7 Pfennig 1 Heller. Mache leg auff 1 schock / das ist 60 / nym ab 9 / bleiben 51 / setz hynden / lege zu samen 14 vnd 15 pfe: wirt 29 / setz mittē / vñ 2 hüner forn / stet also.

2 29 pfennig 51

((60)) Item 24 wöln vmb 1 pfert schyessen / kost 13 flo: wieuiel sol eyner legen / fa: 11 gr. 4 pfe: 1 hl

24 13 1

((61)) Item eyn iar gybt man eynem knecht 10 flo: 16 gros: wiuiel geburt ym 17 wochenn / facit 3 florenn / 10 groschen / 10 pfen: 1 heller 3/13teyl

52 10.16 17

Mach in der mit groschen / steht also

52 229 17

((62)) Item eyn Hoffmeyster vordingt eynem wirdt |*45* 12 pferdt 1 iar / mit solchē geding / sol ydem die wochē gebē 2 schöffell habern / 40 punt hew vnnd 10 punt stro / des habern gylt 1 schöffell 2 gro: 40 punt hew 3 gro: vñ 10 punt stro 2 gro: wie viel seint die pfert das gâtze iar schuldig / Machs also / somir zu samē wieuil 1 pfert die wochē vorzert / werden 9 gro: lege auff 12 pfert / multiplicir durch 9 gro: komē 108 gro: so viell verzern sie eyn wochen / die multiplicir durch das iar / alls 52 wochenn / Mach die gro: zu flo: komen 267 flo: 9 groschen.

((63)) Item eyner kaufft 3678 leder / vnd man gybt 12 leder fur 7 flo: drithalben ort / facit 2337 floren / 1 gro: 3 pfen: vnd anderthalben heller

12 7 5/8 3678

Brichs vnd gehe / steht.

96 61 3678

es wie folgt: Lege auf 1 Schock, das ist 60, nimm ab 9, bleiben 51, setze hinten, lege zusammen 14 und 15 Pfennig, wird 29, setze mitten, und 2 Hühner vorne, steht wie folgt:

2 29 Pfennig 51

((60)) Item 24 wollen um 1 Pferd (für den Kauf) zuschießen, kostet 13 Floren. Wie viel soll einer legen? Facit 11 Groschen 4 Pfennig 1 Heller.

24 13 1

((61)) Item pro Jahr gibt man einem Knecht 10 Floren 16 Groschen. Wie viel gebührt ihm (für) 17 Wochen? Facit 3 Floren 10 Groschen 10 Pfennig 1 Heller 3/13.

52 10.16 17

Mache in der Mitte Groschen, steht wie folgt:

52 229 17

((62)) Item ein Hofmeister verdingt einem Wirt 12 Pferde für ein Jahr, mit folgenden Bedingungen: Er soll jedem pro Woche geben 2 Scheffel Hafer, 40 Pfund Heu und 10 Pfund Stroh. Bei dem Hafer gilt 1 Scheffel 2 Groschen, 40 Pfund Heu 3 Groschen und 10 Pfund Stroh 2 Groschen. Wie viel sind die Pferde das ganze Jahr schuldig? Mache es wie folgt: Summiere zusammen, wie viel 1 Pferd pro Woche verzehrt, werden 9 Groschen, lege auf 12 Pferde, multipliziere mit 9 Groschen, kommen 108 Groschen, so viel verzehren sie pro Woche, die multipliziere mit dem Jahr, also 52 Wochen, mache die Groschen zu Floren, kommen 267 Floren 9 Groschen.

((63)) Item einer kauft 3678 Leder und man gibt 12 Leder für 7 Floren 2 ½ Ort. Facit 2337 Floren 1 Groschen 3 Pfennig 1½ Heller.

12 7⅝ 3678

Brich es und gehe, steht:

96 61 3678

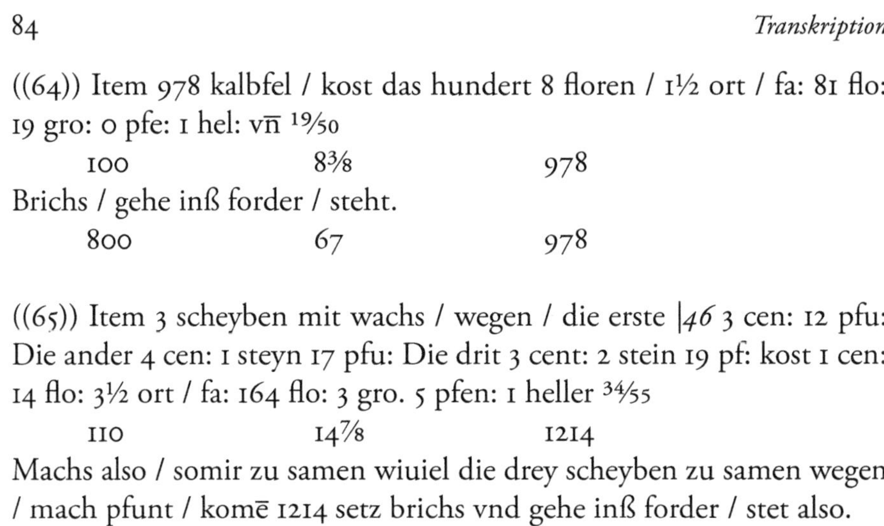

((64)) Item 978 kalbfel / kost das hundert 8 floren / 1½ ort / fa: 81 flo: 19 gro: 0 pfe: 1 hel: vn̄ $\frac{19}{50}$

100	$8\frac{3}{8}$	978

Brichs / gehe inß forder / steht.

800	67	978

((65)) Item 3 scheyben mit wachs / wegen / die erste |*46* 3 cen: 12 pfu: Die ander 4 cen: 1 steyn 17 pfu: Die drit 3 cent: 2 stein 19 pf: kost 1 cen: 14 flo: 3½ ort / fa: 164 flo: 3 gro. 5 pfen: 1 heller $\frac{34}{55}$

110	$14\frac{7}{8}$	1214

Machs also / somir zu samen wiuiel die drey scheyben zu samen wegen / mach pfunt / komē 1214 setz brichs vnd gehe inß forder / stet also.

880	119	1214

((66)) Item 3698 messer kost 1 techer $7\frac{1}{3}$ gro: facit 129 florenn / 2 gro: 10 pfennig / 0 heller $\frac{4}{5}$teyl

10	$7\frac{1}{3}$	3698

Fur das techer schreyb 10 / brichs / vnd gehe / stet.

30	22	3698

((67)) Item eyner kaufft 3060 Ochssen / kost 1 ochs 3 floren / 3½ ort / man schenckt auff yedes 100 3 ochssen / fa: 11512 flo: 2 gr 10 pfe: 0 hel $\frac{52}{103}$teyl / thu ym also / rechen wie 100 ochssen von wegenn des geschenngks / sprich / 1 ochs fur 3 |*47* flo: $\frac{7}{8}$ wie 100 / facit 387½ flo: Nun addir 3 ochssen / welche man schenckt zu 100 / wirt 103

103	387½	3060

Brichs vn̄ gehe / steht.

206	775	3060

((64)) Item 978 Kalbfelle kosten pro Hundert 8 Floren 1½ Ort. Facit 81 Floren 19 Groschen 0 Pfennig 1 Heller 19/50.

100	8⅜	978

Brich es, gehe ins Vordere, steht:

800	67	978

((65)) Item 3 Scheiben mit Wachs wiegen die erste 3 Zentner 12 Pfund, die zweite 4 Zentner 1 Stein 17 Pfund, die dritte 3 Zentner 2 Stein 19 Pfund. (Es) kostet 1 Zentner 14 Floren 3½ Ort. Facit 164 Floren 3 Groschen 5 Pfennig 1 Heller 34/55.

110	14⅞	1214

Mache es wie folgt: Summiere zusammen, wie viel die drei Scheiben zusammen wiegen, mache Pfund, kommen 1214. Setze, brich es und gehe ins Vordere, steht wie folgt:

880	119	1214

((66)) Item 3698 Messer (= Maßeinheiten), kostet 1 Techer (= Zehner) 7⅓ Groschen. Facit 129 Floren 2 Groschen 10 Pfennig 0 Heller ⅘.

10	7⅓	3698

Für das Techer schreibe 10, brich es und gehe, steht:

30	22	3698

((67)) Item einer kauft 3060 Ochsen, kostet 1 Ochse 3 Floren 3½ Ort, man schenkt auf jedes Hundert 3 Ochsen. Facit 11512 Floren 2 Groschen 10 Pfennig 0 Heller 52/103. Tue dafür wie folgt: Rechne, wie 100 Ochsen, von wegen des Geschenks. Sprich: 1 Ochse für 3 Floren ⅞, wie 100? Facit 387½ Floren. Nun addiere 3 Ochsen, welche man schenkt, zu 100, wird 103.

103	387½	3060

Brich es und gehe, steht:

206	775	3060

Volgenn exempell des andern buchleyns / in gollt gerechent.

Wenn es forn gebrochen ist / so gehe inß hynder / Ist es aber mitten oder hynden gebrochen so gehe inß forder.

Du sollt auch wissen / das der floren / hynforder wirt gerechent fur 20 ß / 1 schilling fur 12 heller / Vnnd 1 centner fur 100 pfunt / Nach Nürnbergischen gewicht.

((68)) Itē 2⅔ pfunt fur 3 flo: 16 schilling / wie komen 17 pfunt / fa: 24 flo: 4 schil: vn̄ 6 heller.

2⅔ 3.16 17

Brichs forn / gehe inß hynder

8 76 ß 51

((69)) Item 36 pfunt vmb 7⅗ flo: wie 45 pfunt / facit / 9 flo: 10 schil: |*48*

36 7⅗ 45

Brichs / gehe inß forder / stet

180 38 45

((70)) Item 24 pfundt fur 3 floren / 7 schilling / wie 13¾ pfunt / facit 1 flo: 18 schilling / 4 hel. ⅝

24 3.7 13¾

Brichs / gehe / mach schil.

96 67 55

((71)) Item 3⅔ pfu: fur 2 flo: 16 schil. wie 3⅘ pf: facit 2 floren 18 schil: 2<4>/55

3⅔ 2.16 3⅘

Brichs forn in sich / brichs mit dem hyndern / setz forn / brichs hynden in sich / darnach mit dem fordern / mach schil: steht

55 56 57

(Es) folgen Exempel des zweiten Büchleins, in Gold(geld) gerechnet

Wenn es vorne gebrochen ist, so gehe ins Hintere, ist es aber mitten oder hinten gebrochen, so gehe ins Vordere.

Du sollt auch wissen, das der Floren hinfort wird gerechnet für 20 Schilling, 1 Schilling für 12 Heller und 1 Zentner für 100 Pfund nach Nürnberger Gewicht.

((68)) Item 2⅔ Pfund für 3 Floren 16 Schilling. Wie kommen 17 Pfund? Facit 24 Floren 4 Schilling 6 Heller.

2⅔ 3.16 17

Brich es vorne, gehe ins Hintere:

8 76 Schilling 51

((69)) Item 36 Pfund um 7⅗ Floren. Wie 45 Pfund? Facit 9 Floren 10 Schilling.

36 7⅗ 45

Brich es, gehe ins Vorne, steht:

180 38 45

((70)) Item 24 Pfund für 3 Floren, 7 Schilling. Wie 13¾ Pfund? Facit 1 Floren 18 Schilling 4 Heller ⅝.

24 3.7 13¾

Brich es, gehe, mache Schilling:

96 67 55

((71)) Item 3⅔ Pfund für 2 Floren 16 Schilling. Wie 3⅘ Pfund? Facit 2 Floren 18 Schilling 24⁄55.

3⅔ 2.16 3⅘

Brich es vorne in sich, brich es mit dem Hinteren, setze vorne, brich es hinten in sich, danach mit dem Vorderen, mache Schilling. Steht:

55 56 57

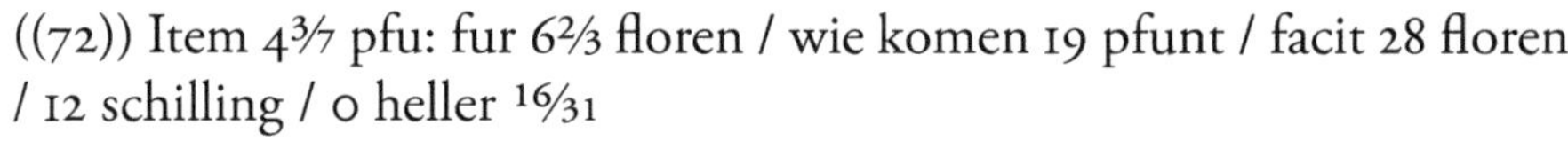
((72)) Item $4\frac{3}{7}$ pfu: fur $6\frac{2}{3}$ floren / wie komen 19 pfunt / facit 28 floren / 12 schilling / o heller $\frac{16}{31}$

$4\frac{3}{7}$ $6\frac{2}{3}$ 19

Brichs forn in sich / darnach mit dem mitteln gehe mit dem [fodern]<fordern> inß hynder / vnd brichs mitten in sich / steht

93 20 133

|*49* ((73)) Item 13 pfunt fur $3\frac{1}{4}$ floren / wie komen $6\frac{5}{9}$ pfunt / facit 1 floren / 12 schil: 9 heller $\frac{1}{3}$

13 $3\frac{1}{4}$ $6\frac{5}{9}$

Brichs gehe / vnd stet

468 13 [56]<59>

((74)) Item $3\frac{2}{3}$ pfunt fur $3\frac{3}{7}$ flo: wie komē 6 pfu: $\frac{5}{9}$ facit 6 floren / 2 schil: 7 heller vnnd $\frac{13}{77}$teyl

$3\frac{2}{3}$ $3\frac{3}{7}$ $6\frac{5}{9}$

Brichs fornn in sich / wirdt 11 gehe mitt dem mitteln vnnd hyndern darein / wirdt 663 setz forn / Brichs mitten in sich / wird 24 die setz darnach / brichs hyndenn in sich was komet / brichs mit dem fordern / stet

[693]<663> 24 177

((75)) Item eyner kaufft eyn sagk mit pfeffer / wygt 3 centner / 48 pfunt / vnd gybt fur eyn pfunt 7 schilling / facit 121 florenn / 16 schil: machs also / leg auff 3 centner / 48 pfunt / mach cent: mit [110]<100> zu pfundt / setz also.

1 7 348

|*50* ((76)) Item eyner kaufft 1 sack mit Ingwer / wygt 98 pfunt / 13 lot / vn̄ kost 1 pfunt / 13 schilling facit 63 floren / 19 schilling / $3\frac{3}{8}$ hellers.

1 13 98.13

Mach lott forn / vnnd hynden die pfunt / mit 32 steht also wie hye.

32 13 3149

((72)) Item 4³⁄₇ Pfund für 6⅔ Floren. Wie kommen 19 Pfund? Facit 28 Floren 12 Schilling 0 Heller ¹⁶⁄₃₁.

4³⁄₇	6⅔	19

Brich es vorne in sich, danach mit dem Mittleren, gehe mit dem Vorderen ins Hintere und brich es mitten in sich. Steht:

93	20	133

((73)) Item 13 Pfund für 3¼ Floren. Wie kommen 6⁵⁄₉ Pfund? Facit 1 Floren 12 Schilling 9 Heller ⅓.

13	3¼	6⁵⁄₉

Brich es, gehe, und steht:

468	13	59

((74)) Item 3⅔ Pfund für 3³⁄₇ Floren. Wie kommen 6 Pfund ⁵⁄₉? Facit 6 Floren 2 Schilling 7 Heller ¹³⁄₇₇.

3⅔	3³⁄₇	6⁵⁄₉

Brich es vorne in sich, wird 11. Gehe mit dem Mittleren und Hinteren darein, wird 663, setze vorne. Brich es mitten in sich, wird 24, die setze danach. Brich es hinten in sich, was kommt, brich es mit dem Vorderen, steht:

663	24	177

((75)) Item einer kauft einen Sack mit Pfeffer, wiegt 3 Zentner 48 Pfund, und gibt für 1 Pfund 7 Schilling. Facit 121 Floren 16 Schilling. Mache es wie folgt, lege auf 3 Zentner, 48 Pfund, mache Zentner mit 100 zu Pfund, setze wie folgt:

1	7	348

((76)) Item einer kauft 1 Sack mit Ingwer, wiegt 98 Pfund 13 Lot und kostet 1 Pfund 13 Schilling. Facit 63 Floren 19 Schilling 3 Heller ⅜.

1	13	98.13

Mache Lot vorne, und hinten die Pfund, mit 32 steht wie hier folgt:

32	13	3149

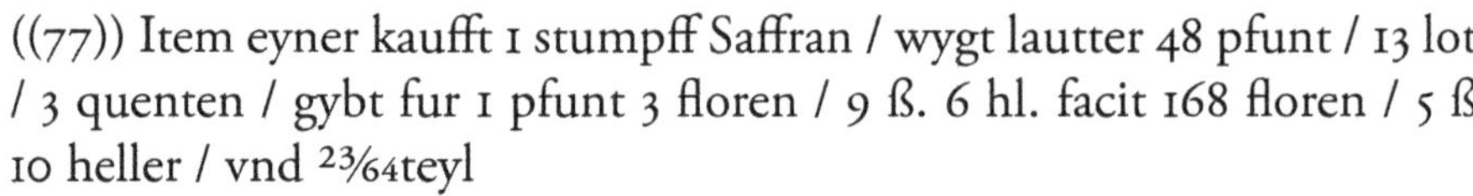

((77)) Item eyner kaufft 1 stumpff Saffran / wygt lautter 48 pfunt / 13 lot / 3 quenten / gybt fur 1 pfunt 3 floren / 9 ß. 6 hl. facit 168 floren / 5 ß 10 heller / vnd 23/64teyl

1	3.9.6	48.13.3

Mach forn vnnd hyndenn quentin / darnach mitten heller / stet

128	834	[7199]<6199>

((78)) Item 1 stumpff Saffran wigt 38 pfu. 16 lot tara 9 lot fur denn stumpff / vnnd man gybt 3⅔ pfu. fur 8¾ floren / facit 91 florē / 4 schil: 0 heller 81/88

3⅔	8¾	38<.>16

Machs also / nym ab das tara / mach hyndē pfundt zu lott / brichs mit dem fordern / alls 3 wird 3669 setz hynden / brichs forn / gehe mit |*51* Dem mitteln darein / mach darauß lot / werden 1408 setz forn / vnd brichs mitten in sich / stet

1408	35	3669

((79)) Item eyn Sagk mit kalmas wigt 48 pfundt [28]<24> lot / tara [3]<2> pfundt / 16 lot / vnnd kost eynn pfunt 13½ schiling / facit 31 floren / 4 ß. 4½ heller / machs also / leg auff 48 pfunt / 24 lot / [Myhm]<Nyhm> ab das tara / vnd setz darnach also.

1	13½	[4624]<46.8>

Mach pfu. forn / vn̄ hyndē zu lotten / darnach brichs vn̄ gehe inß forder

64	27	1480

((80)) Item drey Segk mit mandel wegen 3 centner 17 pfunt / 4 cen 29 pfu. vnd 2 cen. 78 pfunt kost 1 cen. 7 flo. 2 ort / vn̄ ein halben / facit 78 floren / 1 ß. 7 heller / vnd ein funffteyl / Somir zu samen / mach centner zu pfundt / setz also.

100	7⅝	1024

Brichs / gehe inß forder / stet

800	61	1024

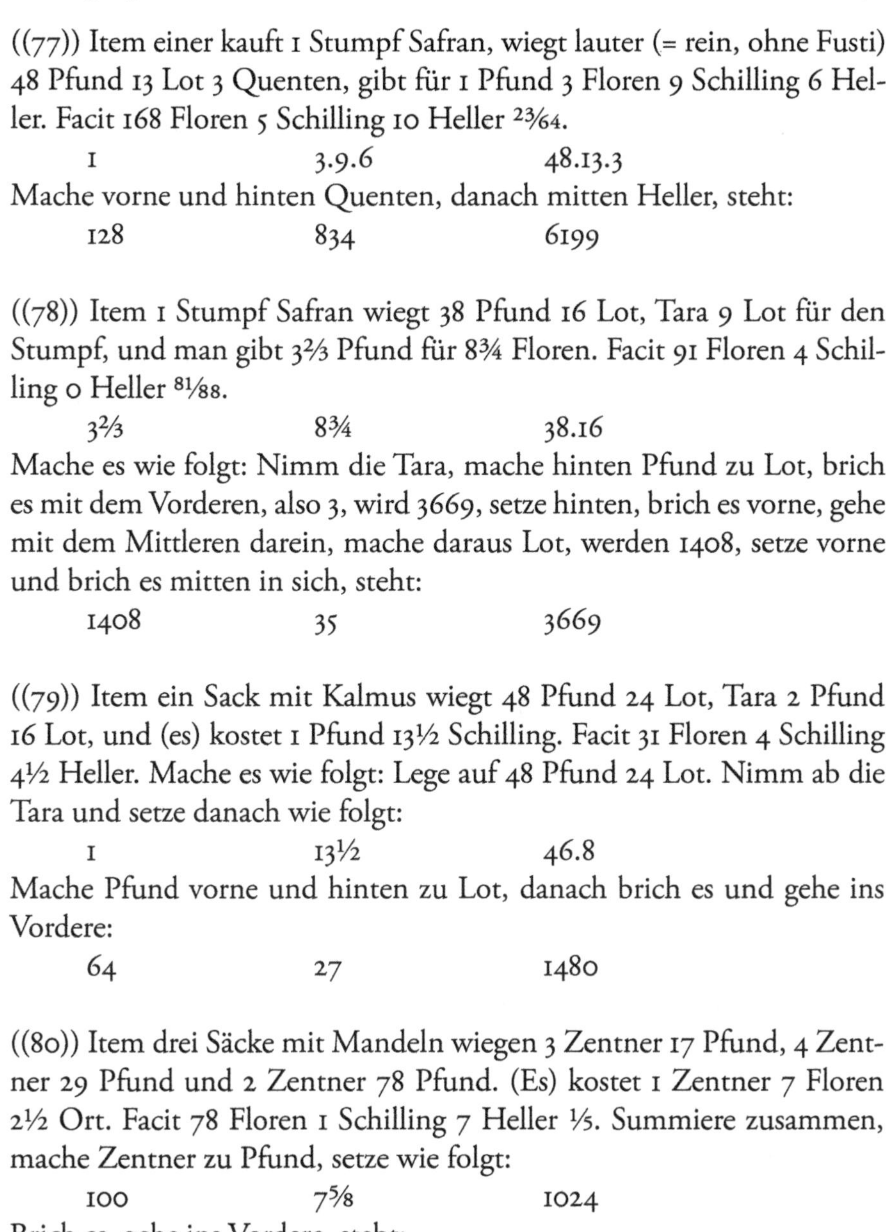

((77)) Item einer kauft 1 Stumpf Safran, wiegt lauter (= rein, ohne Fusti) 48 Pfund 13 Lot 3 Quenten, gibt für 1 Pfund 3 Floren 9 Schilling 6 Heller. Facit 168 Floren 5 Schilling 10 Heller $\frac{23}{64}$.

1 3.9.6 48.13.3

Mache vorne und hinten Quenten, danach mitten Heller, steht:

128 834 6199

((78)) Item 1 Stumpf Safran wiegt 38 Pfund 16 Lot, Tara 9 Lot für den Stumpf, und man gibt $3\frac{2}{3}$ Pfund für $8\frac{3}{4}$ Floren. Facit 91 Floren 4 Schilling 0 Heller $\frac{81}{88}$.

$3\frac{2}{3}$ $8\frac{3}{4}$ 38.16

Mache es wie folgt: Nimm die Tara, mache hinten Pfund zu Lot, brich es mit dem Vorderen, also 3, wird 3669, setze hinten, brich es vorne, gehe mit dem Mittleren darein, mache daraus Lot, werden 1408, setze vorne und brich es mitten in sich, steht:

1408 35 3669

((79)) Item ein Sack mit Kalmus wiegt 48 Pfund 24 Lot, Tara 2 Pfund 16 Lot, und (es) kostet 1 Pfund $13\frac{1}{2}$ Schilling. Facit 31 Floren 4 Schilling $4\frac{1}{2}$ Heller. Mache es wie folgt: Lege auf 48 Pfund 24 Lot. Nimm ab die Tara und setze danach wie folgt:

1 $13\frac{1}{2}$ 46.8

Mache Pfund vorne und hinten zu Lot, danach brich es und gehe ins Vordere:

64 27 1480

((80)) Item drei Säcke mit Mandeln wiegen 3 Zentner 17 Pfund, 4 Zentner 29 Pfund und 2 Zentner 78 Pfund. (Es) kostet 1 Zentner 7 Floren $2\frac{1}{2}$ Ort. Facit 78 Floren 1 Schilling 7 Heller $\frac{1}{5}$. Summiere zusammen, mache Zentner zu Pfund, setze wie folgt:

100 $7\frac{5}{8}$ 1024

Brich es, gehe ins Vordere, steht:

800 61 1024

((81)) Item 2 Zichen mit baumwollen wegen 6 cen. 29 pfunt / Vnd 3 centner 11 pfundt / tara 37 pfunt / kost 1 cen. 17 flo. vierthalben ort / facit |*52* 161 floren / 8 ß 2 heller /und siebenzehenteyll Somir zu samen / nym ab das tara / setz

100 17[2/8]<7/8> 903

Brichs in der mitt / gehe inß forder / stett also

800 143 903

((82)) Item 1 Sagk mit schoffwollen wygt 7 cent: 44 pfunt / tara 21 pfunt / kost 1 cen: 6 flo: 9 ß 8 heller / facit 46 flo: 17 ß 5 hel: vnd 22 funffundzwentzig teyll / Mach cen: zu pfunt / nym ab das tara / setz

100 6.9.8 723

Mach in der mit flo: zu ß vnd ß zu heller / stet also

100 1556 723

((83)) Item zwene segk mit Lorber wegen 4 cent: 29 vnd eyn halb pfunt / kost eyn centner 10 floren 1½ ort / facit 44 flo: 11 ß 2 heller / vnnd 11/20teyl

100 10⅜ 429½

Mach cent: zu pfu: / brichs in sich / gehe mitt beyden herfur

1600 83 859

((84)) Item 1 Vahß mitt weynsteyn wygt 3 cen: 68 pfu: tara 21 pfu: vn̄ kost 1 cen: 9 flo: 13 schil: facit 33 floren / 6 schilling / 8 heller / vnd 13/25teyll |*53* Machs also / lege auff 3 centner 68 pfundt / mach centner zu pfundt / nym ab das tara.

100 [9.13]<193> 347

((85)) Item 1 Vahß allaun wigt 3 centner / vnd 75½ pfunt / tara 23 pfundt / kosten 7[2/]<2/3> pfundt 1 flo. facit 45 flo. 19 ß. 6 hl. 18/23teyll / setz also.

7⅔ 1 352½

Mach centner zu pfundt / nym ab das tara / brichs / steht also.

46 1 2115

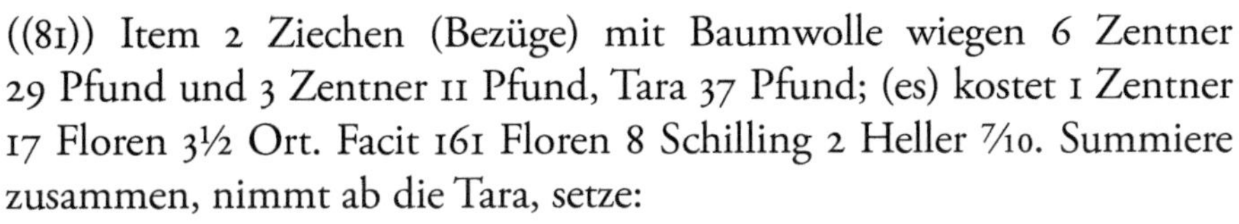
((81)) Item 2 Ziechen (Bezüge) mit Baumwolle wiegen 6 Zentner 29 Pfund und 3 Zentner 11 Pfund, Tara 37 Pfund; (es) kostet 1 Zentner 17 Floren 3½ Ort. Facit 161 Floren 8 Schilling 2 Heller 7/10. Summiere zusammen, nimmt ab die Tara, setze:

100 17⅞ 903

Brich es in der Mitte, gehe ins Vordere, steht wie folgt:

800 143 903

((82)) Item 1 Sack mit Schafwolle wiegt 7 Zentner 44 Pfund, Tara 21 Pfund, (es) kostet 1 Zentner 6 Floren 9 Schilling 8 Heller. Facit 46 Floren 17 Schilling 5 Heller 22/25. Mache Zentner zu Pfund, nimm ab die Tara, setz:

100 6.9.8 723

Mache in der Mitte Floren zu Schilling und Schilling zu Heller, steht wie folgt:

100 1556 723

((83)) Item 2 Säcke mit Lorbeer wiegen 4 Zentner 29½ Pfund, (es) kostet ein Zentner 10 Floren 1½ Ort. Facit 44 Floren 11 Schilling 2 Heller 11/20.

100 10⅜ 429½

Mache Zentner zu Pfund, brich es in sich, gehe mit beiden nach vorne:

1600 83 859

((84)) Item 1 Fass mit Weinstein wiegt 3 Zentner 68 Pfund, Tara 21 Pfund, und (es) kostet 1 Zentner 9 Floren 13 Schilling. Facit 33 Floren 6 Schilling 8 Heller 13/25. Mache es wie folgt: Lege auf 3 Zentner 68 Pfund, mache Zentner zu Pfund, nimm ab die Tara.

100 193 347

((85)) Item 1 Fass Alaun wiegt 3 Zentner 75½ Pfund, Tara 23 Pfund, (es) kosten 7⅔ Pfund 1 Floren. Facit 45 Floren 19 Schilling 6 Heller 18/23. Setze wie folgt:

7⅔ 1 352½

Mache Zentner zu Pfund, nimm ab die Tara, brich es, steht wie folgt:

46 1 2115

((86)) Item fünf Körbe mit Feigen wiegen (der erste) 2 Zentner 18 Pfund, der zweite 3 Zentner 7 Pfund, der dritte 5 Zentner 9 Pfund, der vierte 3 Zentner 45 Pfund und der fünfte 4 Zentner 78 Pfund, Tara auf jeden Korb 14 Pfund; (es) kostet 1 Zentner 5 Floren 3 Ort. Facit 102 Floren 15 Schilling 0 Heller 3/5. Mache es wie folgt: Summiere zusammen, mache Zentner zu Pfund, nimm ab die Tara und setze wie folgt:

100 5¾ 1787

Brich es und gehe, steht:

400 23 1787

((87)) Item 5 Fässer mit Unschlitt wiegen 8 Zentner 13 Pfund, 5 Zentner 12 Pfund, 4 Zentner 17 Pfund, 9 Zentner 35 Pfund und 3 Zentner 15 Pfund, Tara auf jedes Fass 21 Pfund, und (es) kostet 1 Zentner 2 Floren 2½ Ort. Facit 75 Floren 15 Schilling 8 Heller 1/10.

100 2⅝ 2887

Mache es wie folgt: Summiere zusammen, mache Zentner zu Pfund, nimm ab die Tara, bleiben 2887, setze, brich es, gehe ins Vordere, steht:

800 21 2887

((88)) Item 4 Lagel (= Gefäße) mit Öl wiegen 4 Zentner 13 Pfund, 3 Zentner 21 Pfund, 5 Zentner 16 Pfund und 3 Zentner 75 Pfund, Tara auf 1 Zentner 11 Pfund, (es) kostet 1 Zentner 7 Floren 1½ Ort. Facit 107 Floren 19 Schilling 4 Heller 6/37. Summiere zusammen, nimm nicht ab die Tara, sondern addiere es (zu) dem Zentner, setze vorne wie folgt:

111 7⅜ 1625

Brich es und gehe ins Vordere:

888 59 1625

((89)) Item man kauft 3 Tonnen mit Honig, wiegen 6 Zentner 45 Pfund, 3 Zentner 13 Pfund und 5 Zentner 48 Pfund, Tara auf 1 Zentner 12 Pfund, und man gibt 14 Pfund für 1½ Floren. Facit 144 Floren 1 Schilling 4 Heller 26/49. Summiere zusammen, nimm nicht ab die Tara, weil auf 1 Zentner, wird 1506 Pfund, die merke und rechne wie 1 Zentner. Sprich: 14 Pfund für 1½ Floren, wie kommen 100 Pfund? Facit 105/7 Floren. Nun addiere die Tara zum Zentner, setze wie hier:

[110]<112> $10\frac{5}{7}$ 1506

Brichs / gehe / steht also.

784 75 1506

((90)) Item 4 lagel mit seyffen wegen 3 cent. minus 13 pfu: 4 cen. 1 pfu. 4 cen. minus 28 pfu. vnd 3 cen. minus 11 pfu. tara auff 1 cen. 10 pfunt / kost 1 pfu. 16 pfe. eyn halben / den flo. fur 21 gro. vnd 1 gro fur 12 pfen. facit 80 floren / 6 gro. vnd 3 pfen. Sommir zu samen / werden 1349 / Rechen wie 1 cen. sprich / 1 pfunt fur 16 pfen. eyn halben / wie 100 pfu. fa. 1650 pfen. Addir das tara zū cen. setz

110 1650 1349

((91)) Item 1 centner Wachs fur 15 florenn / 3 ortt / wieuiell pfundt sol am fur 1 floren geben / so man mit 100 flo. gewynnenn wil 7 flo. facit 5 pfunt / 29 lot / 3 quenten / 2 pfen. 0 hel: $\frac{1648}{6741}$teyl / machs also / rechen wiuil wachs fur 100 flo. vmb vrsach / das er an hundert floren gewynnen wil / sprich / 15 vnd drey virtel floren |*56* geben 100 pfundt wachs / was geben 100 flo. facit $634\frac{58}{63}$ pfundt / Nun addir die 7 floren / zu 100 vnd setz also.

107 $634\frac{58}{63}$ 1

Brichs mitten / vn̄ gehe mit dem bruch herfur in die flo. stet also.

6741 40000 1

((92)) Itē Ingwer vorkaufft man / vn̄ gybt 1 pfu. fur 11 ß 6 hel. gewint 8 flo. am 100 / wie hat man 1 pfunt kaufft / facit fur 10 ß. 7 hel. vnd sieben neunteyll / machs also / addir 8 flo. gewyn zu 100 / sprich / 108 flo. das ist haubgut vn̄ gewyn geben 100 flo. haubgut / was gebē 11 ß. 6 hl. auch haubgut vnd gewyn / mach forn / hynden hl. stet

[25620]<25920> 100 138

112 10 5/7 1506

Brich es, gehe, steht wie folgt:

784 75 1506

((90)) Item 4 Lagel (Gefäße) mit Seife wiegen 3 Zentner minus 13 Pfund, 4 Zentner 1 Pfund, 4 Zentner minus 28 Pfund und 3 Zentner minus 11 Pfund, Tara auf 1 Zentner 10 Pfund, (es) kostet 1 Pfund 16 Pfennig ½, den Floren für 21 Groschen und 1 Groschen für 12 Pfennig. Facit 80 Floren 6 Groschen 3 Pfennig. Summiere zusammen, werden 1349, rechne wie 1 Zentner. Sprich: 1 Pfund für 16 Pfennig ½, wie 100 Pfund? Facit 1650 Pfennig. Addiere die Tara zum Zentner, setze:

110 1650 1349

((91)) Item 1 Zentner Wachs für 15 Floren, 3 Ort. Wie viel Pfund soll man für 1 Floren geben, so(fern) man mit 100 Floren gewinnen will 7 Floren (7 Prozent Gewinn)? Facit 5 Pfund 29 Lot 3 Quenten 2 Pfennig 0 Heller 1648/6741. Mache es wie folgt: Rechne, wie viel Wachs für 100 Floren, um der Ursache (willen), dass er an 100 Floren gewinnen will. Sprich: 15 und ¾ Floren geben 100 Pfund Wachs, was geben 100 Floren? Facit 634 58/63 Pfund. Nun addiere die 7 Floren zu 100 und setze wie folgt:

107 634 58/63 1

Brich es mitten, und gehe mit dem Bruch(nenner) nach vorne in die Floren, steht wie folgt:

6741 40000 1

((92)) Item Ingwer verkauft man und gibt 1 Pfund für 11 Schilling 6 Heller, gewinnt 8 Floren am 100 (8 Prozent Gewinn). Wie hat man 1 Pfund gekauft? Facit: Für 10 Schilling 7 Heller 7/9. Mache es wie folgt: Addiere 8 Floren Gewinn zu 100. Sprich: 108 Floren, das ist Hauptgut (Kapital) und Gewinn, geben 100 Floren Hauptgut, was geben 11 Schilling 6 Heller auch Hauptgut und Gewinn? Mache vorne, hinten Heller, steht:

25920 100 138

((93)) Item eyner kaufft saffran das pfu. fur 3 flo. $1\frac{1}{2}$ ort / verkaufft den wider nothalben / vnd verleust an 48 flo. 7. Die frage wie theur er 1 pfu. geben hat / fa. 2 flo. 17 ß. 7 heller vñ $\frac{7}{8}$

Auch wiuil ist des saffrans gewesen / fa. $14\frac{2}{9}$ pfu. machs also / nym 7 flo. die er verlorn hat von 48 [belyben] <bleyben> 41 / setz auß 48 flo. lößt er 41 |57 wieuiel auß $3\frac{3}{8}$ brichs stet

384 41 27

Wiltu wissen wieuiel pfu. sprich / $3\frac{3}{8}$ flo: geben 1 pf. wz 48 flo: brichs stet

27 1 384

((94)) Itē 1 flo. reynisch gylt in muntz 21 gro. vñ 20 ß in gollt / wiuiel muntz geburt sich zu geben fur 11 ß 9 hel. fa: 12 gro. 4 [fpe.]<pfe.> vñ $\frac{1}{20}$ setz also

20 21 11.9

Mach hyndē vñ forn ß zu hl.

240 21 141

((95)) Item man kaufft 1 elln Sam̄at fur 3 flo: 9 ß. wie soll man sie geben / so man mit 100 floren gewinen wil 11 flo. facit 3 flo. 16 ß 7 hel. vñ zwey funff vñ zwentzig teyl / machs also / addir 11 floren zu 100 sprich / 100 floren geben 111 floren / was geben 3 floren / 9 ß. mach forn vñ hynden die gulden zu schilling / steht also.

2000 111 69

((96)) Item eyner gybt 1 elln Sammat fur 4 floren / verleust 9 flo. am 100 / wie hat er sie gekaufft facit vier florenn / 7 ß. 10 heller / vnnd $\frac{86}{91}$ teyll

Machs also / nym 9 flo. vō 100 / bleybē 91 setz also.

91 100 4

((93)) Item einer kauft Safran das Pfund für 3 Floren 1½ Ort, verkauft den wieder nothalben und verliert an 48 Floren 7. Die Frage (ist), wie teuer er 1 Pfund gegeben hat. Facit 2 Floren 17 Schilling 7 Heller ⅞.

Auch: Wie viel ist des Safrans gewesen? Facit 14⅔ Pfund. Mache es wie folgt: Nimm 7 Floren, die er verloren hat, von 48, bleiben 41. Setze (sprich): aus 48 Floren löst er 41, wie viel aus 3⅜? Brich es, steht:

384 41 27

Willst du wissen, wie viel Pfund, sprich: 3⅜ Floren geben 1 Pfennig, was 48 Floren? Brich es, steht:

27 1 384

((94)) Item 1 Floren Rheinisch gilt in Münz(geld) 21 Groschen, und 20 Schilling in Gold(geld). Wieviel Münz(geld) gebührt (es) sich zu geben für 11 Schilling 9 Heller? Facit 12 Groschen 4 Pfennig 1/20. Setze wie folgt:

20 21 11.9

Mache hinten und vorne Schilling zu Heller:

240 21 141

((95)) Item man kauft 1 Elle Samt für 3 Floren 9 Schilling. Wie soll man sie geben, so(fern) man mit 100 Floren gewinnen will 11 Floren (11 Prozent Gewinn)? Facit 3 Floren 16 Schilling 7 Heller 2/25. Mache es wie folgt: Addiere 11 Floren zu 100. Sprich: 100 Floren geben 111 Floren, was geben 3 Floren 9 Schilling? Mache vorne und hinten die Gulden zu Schilling, steht wie folgt:

2000 111 69

((96)) Item einer gibt 1 Ellen Samt für 4 Floren, verliert 9 Floren am 100 (9 Prozent Verlust). Wie hat er sie gekauft? Facit 4 Floren 7 Schilling 10 Heller 86/91. Mache es wie folgt: Nimm 9 Floren von 100, bleiben 91, setze wie folgt:

91 100 4

|*58* ((97)) Itē eyner kaufft 4 elln tuchs fur 5 floren / vnd gybt wider 7 ellnn fur 11 flo: hat so viel ellnn kaufft hat 24 flo: gewonnē wieuiel elln hat er gekaufft / facit 74 ellnn / unnd zwey dritteyll / machs also / rechen wie 7 elln / sprich / 4 elnn fur 5 flo: wie komen 7 elln / facit 8 flo: 15 ß die nym von 11 floren / bleyben 2 floren 5 ß gewin sprich 2 flo: 5 ß gewin / geben 7 eln tuchs / wz gebē 24 flo: auch gewin stett.

45 7 480

((98)) Item so das korn 14 groschē gylt / begk man 1 pfennig brotht wigt 34 lot / wie schwer soll man es backen / so das korn auffschlegt / vnd 17 groschen gyllt / facit 28 lott / Machs also / vorker die regel / das du wissen willt setz forn / wie hye stet

17 34 14

((99)) Itē eyner kaufft 7 elln tuchs ist 9 virtel breyt / willt darzu futertuch nemenn / das ist 6 virtel breyt / wieuil sol er des nemen / facit 10 elln vn̄ 2 virtel / vorker auch die regel wie ytzt obē gethâ

6 7 9

Wechssell.

Den auff wechssel addir alleweg zu denn / 100 reynischen floren / wie volgende exempel thun außweysen.

|*59* ((100)) Item 894 Vngerisch floren / wie viel machen die Reynisch / 29 auff / facit 1153 Reynisch 5 schil: 2 hel. vnd ⅖teyl / Machs also / lege die 29 floren auffgelt zu 100 / wirdt 129 setze 100 Vngerisch thunn 129 Reynisch / was thunn 894 Vngerisch / stet also.

100 129 894

((97)) Item einer kauft 4 Ellen Tuchs für 5 Floren und gibt wieder 7 Ellen für 11 Floren, hat so viel Ellen gekauft, hat 24 Floren gewonnen. Wie viel Ellen hat er gekauft? Facit 74 Ellen ⅔. Mache es wie folgt: Rechne wie 7 Ellen. Sprich: 4 Ellen für 5 Floren, wie kommen 7 Ellen? Facit 8 Floren 15 Schilling, die nimm von 11 Floren, bleiben 2 Floren 5 Schilling Gewinn. Sprich: 2 Floren 5 Schilling Gewinn geben 7 Ellen Tuchs, was geben 24 Floren auch Gewinn? Steht:

45 7 480

((98)) Item so(fern) das Korn 14 Groschen gilt, bäckt man 1 Pfennig-Brot, wiegt 34 Lot, wie schwer soll man es backen, so(fern) das Korn aufschlägt und 17 Groschen gilt? Facit 28 Lot. Mache es wie folgt: Kehre die Regel um. Was du wissen willst, setze vorne, wie hier steht:

17 34 14

((99)) Item einer kauft 7 Ellen Tuchs, ist 9 Viertel breit. Will dazu Futtertuch nehmen, das ist 6 Viertel breit. Wie viel soll er dessen nehmen? Facit 10 Ellen und 2 Viertel. Kehre auch die Regel um, wie jetzt (eben) oben getan:

6 7 9

(Geld-)Wechsel

Den Auf-Wechsel addiere jeweils zu den 100 Rheinischen Floren, wie folgende Exempel ausweisen.

((100)) Item 894 Ungarische Floren, wie viel machen die Rheinischen (mit) 29 (als) Auf(schlag)? Facit 1153 Rheinische 5 Schilling 2 Heller ⅖. Mache es wie folgt: Lege die 29 Floren Aufgeld zu 100, wird 129. Setze (sprich): 100 Ungarische tun 129 Rheinische, was tun 894 Ungarische? Steht wie folgt:

100 129 894

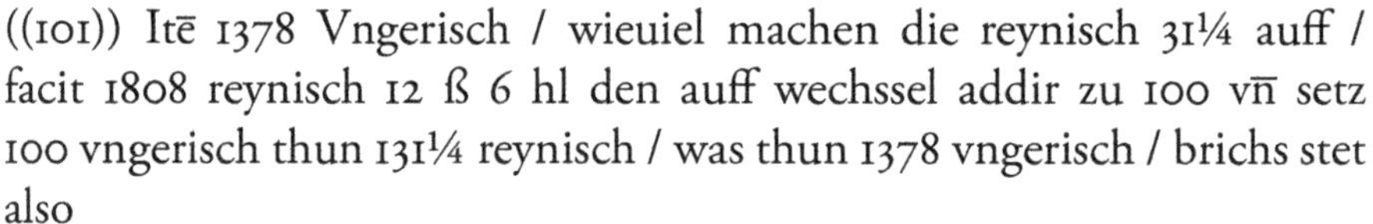

((101)) Itē 1378 Vngerisch / wieuiel machen die reynisch 31¼ auff / facit 1808 reynisch 12 ß 6 hl den auff wechssel addir zu 100 vn̄ setz 100 vngerisch thun 131¼ reynisch / was thun 1378 vngerisch / brichs stet also

400 525 1378

((102)) Itē 874 vngerisch wiuil machen die reynisch ye 3 vngerisch fur 4 reynisch / fa: 1165 reynisch 6 ß. 8 heller.

3 4 874

((103)) Item 478 Reynisch / wie viel vngerisch auff 29½ facit 369 vnge: 3 gro. 2 pfe: vnd $^{250}/_{259}$ den flo: gerechent fur 29 gro: vnd 1 groschen fur 12 pfe: setz also / 129½ reynisch / thun 100 |*60* ungerisch / wieuil machē 478 reynisch / brichs vnd gehe stet

259 100 956

Bleyben dyr vngerisch floren vberig / so mach groschen darauß mit 29

((104)) Item 578 Reynisch / wieuil machē die vnge: 32½ auff / facit 436 vng. vn̄ 6 ß. setz 132½ reynisch machen 100 vngerisch / was machen 578 reynis. brichs gehe stet

265 100 1156

So dyr vngerisch floren vberig bleyben / alls hye in gesatztem exempell / vnnd weyst nicht wie der flo. gerechent / So mach darauß reynisch schil: diuidir ab mit dem mitteln / seyndt aber bruch vorhanden / so gehe inß mittel.

((105)) Item 1236 reynisch / wieuil machen die vng: 32⅓ auff / fa. 934 vng: o ß. 1 hl. vn̄ ⅗teyl Setz also / 132⅓ reynisch / thun 100 Vngeri: was 1236 reynisch / brichs / steht also.

397 100 3708

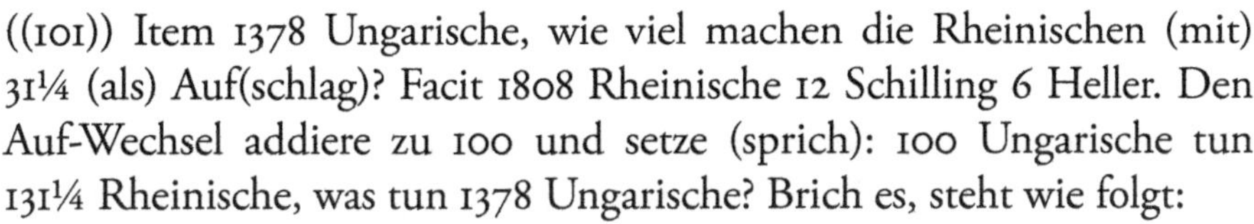

((101)) Item 1378 Ungarische, wie viel machen die Rheinischen (mit) 31¼ (als) Auf(schlag)? Facit 1808 Rheinische 12 Schilling 6 Heller. Den Auf-Wechsel addiere zu 100 und setze (sprich): 100 Ungarische tun 131¼ Rheinische, was tun 1378 Ungarische? Brich es, steht wie folgt:

400 525 1378

((102)) Item 874 Ungarische, wie viel machen die Rheinischen, je 3 Ungarische für 4 Rheinische? Facit 1165 Rheinische 6 Schilling 8 Heller.

3 4 874

((103)) Item 478 Rheinische, wie viel Ungarische (mit) Auf(schlag) 29½? Facit 369 Ungarische 3 Groschen 2 Pfennig 250/259, den Floren gerechnet für 29 Groschen und 1 Groschen für 12 Pfennig. Setze (sprich) wie folgt: 129½ Rheinische tun 100 Ungarische, wie viel machen 478 Rheinische? Brich es und gehe, steht:

259 100 956

Bleiben dir Ungarische Floren übrig, so mache Groschen daraus mit 29.

((104)) Item 578 Rheinische, wie viel machen die Ungarisch (mit) 32½ (als) Auf(schlag)? Facit 436 Ungarische 6 Schilling. Setze (sprich): 132½ Rheinische machen 100 Ungarische, was machen 578 Rheinische? Brich es, gehe, steht:

265 100 1156

So(fern) dir Ungarische Floren übrig bleiben, wie hier im gesetzten Exempel, und weißt (du) nicht, wie der Floren gerechnet (wird), so mache daraus Rheinische Schilling. Dividiere durch das Mittlere, sind aber Brüche vorhanden, so gehe ins Mittlere.

((105)) Item 1236 Rheinische, wie viel machen die Ungarischen (mit) 32⅓ (als) Auf(schlag)? Facit 934 Ungarische 0 Schilling 1 Heller ⅗. Setze (sprich) wie folgt: 132⅓ Rheinische tun 100 Ungarische, was 1236 Rheinische? Brich es, steht wie folgt:

397 100 3708

Gewandt.

¶ ((106)) Item eyner kaufft zwene seum gewandt zu prugk in flandern / kost 1 tuch 13 flo. 1 halben |*61* gestehen byß [hen]<gen> Preßburgk in vngern 34 flo: Alda gybt man eyn tuch fur 12⅞ vngerisch / vnnd 100 vng: thun 136¼ reynisch / wieviell reynisch flo. gewynt man / facit 143 flo. 17 ß. anderthalben heller / Machs also / lege nyder zwen saum / mach darauß tucher mit 22 werden 44 / sprich 1 tuch fur 13 floren eyn halben reynisch / wie komenn 44 tuch / facit 628 die mergk dan souiel kostē sie yn / Rechen wieuiell man darauß lößt / sprich / 1 tuch fur 12 floren sieben achteyl vngeri: wie 44 tuch / facit 566 vnge: vnd 1 halben / Mach darauß reynisch / sprich / 100 vnge: thun 136 vnnd eyn vierteyl reynisch / was thun 566 vnd eyn halber vng: Brichs / stet also.

800 545 1133

Rechen es komen 771 flo. 17 ß anderthalben heller / daruon nym 628 floren / so die tucher gekost haben / so bleybt gewyn wie oben stet.

((107)) Item eyn sagk mit negeleyn wigt zu Venedig 654½ pfunt / kost 1 pfu. 9 ß / gesteht byß gen Nurmbergk 25 flo. vnd 10 pfunt von Venedig / thun 6 pfunt zu Nurmbergk / alda helt 1 |*62* cen. 15 pfu. fusti kost 1 pfu. fusti 4 ß vn̄ 1 pfu. lauter 16 ß. wieuil ist gewonnen oder verloren facit verlust 40 floren / 14 schil. 1 heller 23/25teyll Machs also / rechenn wie theur er die negelein kaufft / sprich / 1 pfunt fur 9 schil. wie 654½ pfu. fa. 294 flo. [110]<10> ß. 6 hl. addir darzu furlō 25 flo. wirt 319 floren / 10 ß. 6 hl. die mergk / mach das venedisch gewicht zu Nurmbergk sprich / 10 pfu. vō venedig / thū 6 pfu. zu nur: was thun 654½ pfu. brichs / gehe / steht also

20 6 1309

facit 392 7/10 pfu. Nurmbergisch / die mergk / Nun nym vom cen. 15 pfu. bleyben 85 pfunt lautter / Rechen ytzlichs in sonderheyt also.

Gewand(handel und anderer Fernhandel)

((106)) Item einer kauft 2 Saum Gewand zu Brugge in Flandern, (es) kostet 1 Tuch 13 Floren ½, (es) entstehen bis nach Pressburg in Ungarn (Kosten von) 34 Floren. Dort gibt man 1 Tuch für 12⅞ Ungarische, und 100 Ungarische tun 136¼ Rheinische, wie viel Rheinische Floren gewinnt man? Facit 143 Floren 17 Schilling 1½ Heller. Mache es wie folgt: Lege nieder 2 Saum, mache daraus Tuch mit 22, werden 44. Sprich: 1 Tuch für 13 Floren ½ Rheinische, wie kommen 44 Tuch? Facit 628, die merke, denn soviel kosten sie ihn. Rechne, wie viel man daraus erlöst. Sprich: 1 Tuch für 12 Floren ⅞ Ungarische, wie 44 Tuch? Facit 566 Ungarische und ½. Mache daraus Rheinische. Sprich: 100 Ungarische tun 136¼ Rheinische, was tun 566½ Ungarische? Brich es, steht wie folgt:

800 545 1133

Rechne, es kommen 771 Floren 17 Schilling 1½ Heller, davon nimm 628 Floren, so (wie) die (44) Tuch gekostet haben, so bleibt Gewinn wie oben steht.

((107)) Item ein Sack mit Nelken wiegt zu Venedig 654½ Pfund, (er) kostet 1 Pfund 9 Schilling, (es) entstehen bis nach Nürnberg (Kosten von) 25 Floren; und 10 Pfund von Venedig tun 6 Pfund zu Nürnberg, dort hält 1 Zentner 15 Pfund Fusti (unreine Ware). Es kostet 1 Pfund Fusti 4 Schilling und 1 Pfund lauter (= rein, ohne Fusti) 16 Schilling. Wieviel ist gewonnen oder verloren? Facit Verlust 40 Floren 14 Schilling 1 Heller 23/25. Mache es wie folgt: Rechne, wie teuer er die Nelken kauft. Sprich: 1 Pfund für 9 Schilling, wie 654½ Pfund? Facit 294 Floren 10 Schilling 6 Heller. Addiere dazu Fuhrlohn 25 Floren, wird 319 Floren 10 Schilling 6 Heller, die merke. Mache das Venediger Gewicht zu Nürnberger. Sprich: 10 Pfund von Venedig tun 6 Pfund zu Nürnberg, was tun 654½ Pfund? Brich es, gehe, steht wie folgt:

20 6 1309

Facit 392 7/10 Pfund Nürnberger, die merke. Nun nimm vom Zentner 15 Pfund, bleiben 85 Pfund lauter (= rein, ohne Fusti). Rechne ein jedes gesondert wie folgt:

1	4 ß.		15 pfu.		3	
		facit		floren		
1	16 ß.		85 pfu.		68	

Somir zu samen komen 71 floren / sprich / 100 pfu. fur 71 flo. wie komen 392⁷⁄₁₀ pfunt / facit |*63* 278 flo. 16 ß. 4²⁄₂₅ hl. die nym von 319 flo: 10 ß. 6 heller / so hastu verlust wie oben steht.

((108)) Item eyner nympt zu Venedig an eyner verlorn schult 25½ pfu. saffran / kost 1 pfu. 2⅓ ducaten / gestet mit furlohn byß gen Nurem: drithalben ducatē / vn̄ 10 pfu. vō venedig thun 6 pfu. zu Nurmbergk / alda gybt man 1 pfu: fur funffthalbē flo. reynisch / vn̄ 100 ducaten thun 134 reynisch / wieuiel hat man gewon̄en ader verlorn / facit verlust 14 floren / 4 ß. 7 hl. vn̄ eyn funffteyl / Machs also / sprich / 1 pfu: fur 2⅓ ducaten / wie komen 25½ pfunt facit so das furlohn darzu gethan / wirt 62 ducatē die mergk / Mach Vene: gewicht zu Nurmbergis: sprich / 10 pfu. thun 6 pfu. was thun 25½ pfu: facit 15³⁄₁₀ pfu. rechen wieuiel er zu Nurmbergk darauß lößt / sprich / 1 pfunt fur 4½ flo. reynisch / wie komen 15³⁄₁₀ pfunt / facit |*64* 68 flo: vn̄ 17 ß Mach die ducaten zu reynisch sprich 100 ducaten thunn 134 reynisch / was thun 62 ducaten / facit 83 flo: 1 ß 7 hel. vn̄ 1 funffteyl / Daruonn nym so viell er gelost hat / so bleybet verlust / oben angezeygt.

((109)) Item eyner kaufft zu Eger 124 cen: Zyn / eyn cent: fur 16 floren / ein halben / gesteht byß gen Nurmberg 34 floren / vn̄ 3 cen: vō eger thun 4 zu Nurmberg / Alda gybt man 1 centner fur 10 flo: anderthalbē ort / Die frag / wieuiel man verlorn hat / facit 364 flo. 13 ß. 4 hel. machs also / rechen wie theur mann das Zyn kaufft / sprich / 1 cen. fur 16 flo. ein halbē / wie komen 124 cen. facit mit dem furlohn 2080 flo. die mergk / Nun mach das Egerisch gewicht zu Nurmber: sprich / 3 cen: thun 4 centner / was thun 124 cen: facit 165 vn̄ ein dritteyl /

1	4 Schilling	15 Pfund	3
		facit	Floren
1	16 Schilling	85 Pfund	68

Summiere zusammen, kommen 71 Floren. Sprich: 100 Pfund für 71 Floren, wie kommen 392 7/10 Pfund? Facit 278 Floren 16 Schilling 4 2/25 Heller, die nimm von 319 Floren 10 Schilling 6 Heller, so hast du (den) Verlust, wie oben steht.

((108)) Item einer nimmt zu Venedig an einer verlorenen (unbeglichenen) Schuld 25½ Pfund Safran, kostet 1 Pfund 2⅓ Ducaten, (es) entstehen mit Fuhrlohn bis nach Nürnberg (Kosten von) 2½ Ducaten, und 10 Pfund von Venedig tun 6 Pfund zu Nürnberg, dort gibt man 1 Pfund für 4½ Floren Rheinische, und 100 Ducaten tun 134 Rheinische. Wie viel hat man gewonnen oder verloren? Facit Verlust 14 Floren 4 Schilling 7 Heller ⅕. Mache es wie folgt. Sprich: 1 Pfund für 2⅓ Ducaten, wie kommen 25½ Pfund? Facit, so(fern) der Fuhrlohn dazu getan, wird 62 Ducaten; die merke. Mache Venediger Gewicht zu Nürnberger. Sprich: 10 Pfund tun 6 Pfund, was tun 25½ Pfund? Facit 15 3/10 Pfund. Rechne, wie viel er zu Nürnberg daraus erlöst. Sprich: 1 Pfund für 4½ Floren Rheinische, wie kommen 15 3/10 Pfund? Facit 68 Floren 17 Schilling. Mache die Ducaten zu Rheinischen. Sprich: 100 Ducaten tun 134 Rheinische, was tun 62 Ducaten? Facit 83 Floren 1 Schilling 7 Heller ⅕. Davon nimm, so viel er erlöst hat, so bleibt Verlust, oben angezeigt.

((109)) Item einer kauft zu Eger 124 Zentner Zinn, ein Zentner für 16 Floren ½, (es) entstehen bis nach Nürnberg (Kosten von) 34 Floren, und 3 Zentner von Eger tun 4 zu Nürnberg. Dort gibt man 1 Zentner für 10 Floren 1½ Ort. Die Frage (ist), wie viel man verloren hat. Facit 364 Floren 13 Schilling 4 Heller. Mache es wie folgt: Rechne, wie teuer man das Zinn kauft. Sprich: 1 Zentner für 16 Floren ½, wie kommen 124 Zentner? Facit mit dem Fuhrlohn 2080 Floren, die merke. Nun mache das Egerer Gewicht zu Nürnberger. Sprich: 3 Zentner tun 4 Zentner, was tun 124 Zentner? Facit 165 und ⅓.

rechen wiuil er zu Nurmb. darauß löst / sprich 1 cen: fur 10 flo: 3/8 wie 165 1/3 centner / brichs / vnd gehe / steht also.

24 83 496

Facit 1715 flo. 6 ß. 8 hel. die nym von 2080 flo. souiel dich gekost / bleybet verlust wie oben

((110)) Item eyn sack mit Pfeffer wygt zu Nurmb. 4 centner 48 pfunt / tara 12 pfunt / eyn halbes |*65* kost 1 pfunt / 9 ß / gesteht byß gen Leyptzigk 4 flo: Vnd 10 pfu. von Nurmb: thun 11 pfunt zu Leyptzigk / Alda gybt man 1 pfundt fur 9 groschen / 6 pfen. vnnd 20 ß. machen 21 gro. wieuiell hat er gewonnen / facit 16 florenn / 15 gro. vn̄ 6 pfen. Mach die cent. zu pfun. nym ab das tara / bleybenn 435 eyn halbes pfunt / sprich 1 pfu. fur 9 ß. wie 435 vnd eyn halbes pfunt / facit mit dem furlohn 199 flo. 19 ß. vn̄ 6 heller. Mach Nurmbergisch gewicht zcu Leyptzischen / sprich / 10 pfunt thun 11 pfunt / was 435 1/2 pfunt / facit 479 1/20 pfu. Rechen wieuill man darauß lößt / setz 1 pfundt fur 9 gro. 6 pfennig / wie 479 1/20 pfundt / Brichs / mach mitten pfe. stet also

20 114 9581

facit 216 flo. 14 gro. 11 pfennig 7/10teyll / Nun mach das golt zu müntz / sprich / 20 ß. machen 21 groschen / was machen 199 flo. 19 schil. 6 heller / mach heller / rechen es / so komen 199 flo. 20 groschen / 5 pfe. vnnd siebenzehen teyl |*66* die nyhm von dem das mann geloßt hatt / so bleybet vberig gewyn.

((111)) Item 6 Vesser mit messing wegen [15]<25> centner 56 pfundt / kost 1 centner 13 floren 4/5teyll den floren gerechent fur 8 pfunt / vnd 11 pfennig / facit 352 floren / 6 pfunt / 2 pfen. vnd 91/125teyll Mach centner zu pfunt / vnd setz also.

100 13 4/5 2556

Brichs gehe inß forder / stet

500 69 2556

Mach eyn flo. zu pfen. also lege auff 8 pfunt darneben 11 pfen. mach pfunt mit 30 zu pfe. darmit multiplicir die vberigen floren / teyl ab vnnd mach pfennig zu pfunden mit 30.

Rechne, wieviel er zu Nürnberg daraus erlöst. Sprich: 1 Zentner für 10 Floren 3/8, wie 165 1/3 Zentner? Brich es und gehe, steht wie folgt:

24 83 496

Facit 1715 Floren 6 Schilling 8 Heller, die nimm von 2080 Floren, soviel (es) dich gekostet (hat), bleibt Verlust wie oben.

((110)) Item ein Sack mit Pfeffer wiegt zu Nürnberg 4 Zentner 48 Pfund, Tara 12 Pfund 1/2, kostet 1 Pfund 9 Schilling, (es) entstehen bis nach Leipzig (Kosten von) 4 Floren, und 10 Pfund von Nürnberg tun 11 Pfund zu Leipzig. Dort gibt man 1 Pfund für 9 Groschen 6 Pfennig, und 20 Schilling machen 21 Groschen. Wieviel hat er gewonnen? Facit 16 Floren 15 Groschen 6 Pfennig. Mache die Zentner zu Pfund, nimm ab die Tara, bleiben 435 1/2 Pfund. Sprich: 1 Pfund für 9 Schilling, wie 435 und 1/2 Pfund? Facit mit dem Fuhrlohn 199 Floren 19 Schilling 6 Heller. Mache Nürnberger Gewicht zu Leipziger. Sprich: 10 Pfund tun 11 Pfund, was 435 1/2 Pfund? Facit 479 1/20 Pfund. Rechne, wie viel man daraus erlöst. Setze (sprich): 1 Pfund für 9 Groschen 6 Pfennig, wie 479 1/20 Pfund? Brich es, mache mitten Pfennig, steht wie folgt:

20 114 9581

Facit 216 Floren 14 Groschen 11 Pfennig 7/10. Nun mache das Gold(geld) zu Münz(geld). Sprich: 20 Schilling machen 21 Groschen, was machen 199 Floren 19 Schilling 6 Heller? Mache Heller, rechne es, so kommen 199 Floren 20 Groschen 5 Pfennig 7/10, die nimm von dem, das man erlöst hat, so bleibt übrig Gewinn.

((111)) Item 6 Fässer mit Messing wiegen 25 Zentner 56 Pfund. (Es) kostet 1 Zentner 13 Floren 4/5, den Floren gerechnet für 8 Pfund und 11 Pfennig. Facit 352 Floren 6 Pfund 2 Pfennig 91/125. Mache Zentner zu Pfund und setze wie folgt:

100 13 4/5 2556

Brich es, gehe ins Vordere, steht:

500 69 2556

Mache 1 Floren zu Pfennig, also lege auf 8 Pfund, daneben 11 Pfennig, mache Pfund mit 30 zu Pfennig, damit multipliziere die übrigen Floren, teile und mache Pfennig zu Pfunden mit 30.

((112)) Item eyner kaufft 18 centner / 17 pfu. Vnslet gybt fur denn cent. 3 floren / 5 pfunt 27 pfen: den flo gerechent fur 5 pfunt / 28 pfen. vnd 1 pfu. fur 30 pfennige / facit 72 floren / 3 pfu. |*67* 12 pfen: vnd $\frac{87}{100}$teyl / thu ym also / mach cent: zu pfundt / setz hynden / Darnach mach 1 flo: zu pfen: leg auff 5 pfunt / 28 pfen: die pfunt multiplicir mit 30 / wirt 178 schreyb eyn weyl besunder / vnd lege auff / so viell 1 centner kost / als 3 flo: 5 pfunt / 27 pfe: Mach pfunt mit 30 zu pfen: vnd flo: mit 178 werden zusamen 711 pfen: stet also.

100 711 1817

((113)) Item [vier]<zwei> Scheyben mit wachs / wegenn zu Krocau 12 cent: 1 steyn / 7 pfunt / vn̄ 9 cent: 2 steyn / 9 pfunt / kost 1 cen: 11 floren eyn halben ort / den floren fur 30 groschen / 1 groschen fur 18 heller / den cen: fur 5 steyn / vn̄ den steyn fur 26 pfunt gerechent / facit 241 floren / 20 gro: 1 heller / vnnd $\frac{5}{13}$teyll / Machs also / sommir zusamen / komen 2824 pfunt / setz also.

130 $11\frac{1}{8}$ 2824

Mach den cen: forn zu pfu: Brichs vnd gehe rechen es bleyben floren / so mach mit 30 gro: |*68* wie angezeygt.

1040 89 2824

((114)) Item vier Scheyben mit Wachs wegenn zu Breslaw 3 cen. 1 steyn / 7 pfunt / 4 cen. 4 steyn / 11 pfu. 6 cen. 1 steyn / 8 pfu. vnd 3 cen. 4 steyn 16 pfu. kost 1 steyn 3 flo. anderthalbē ort / facit 336 flo. 39 gro. $4\frac{1}{2}$ hl. den cen. fur 132 pfu. den steyn fur 24 pfu: den flo: fur 60 groschen vn̄ 1 gro: fur 12 hel: gerechent / Machs also / somir zusamen / mach cen: zu pfu: mit 132 vn̄ steyn mit 24 komen 2394 pfundt / Setz also.

24 $3\frac{3}{8}$ 2394

Brichs vnnd gehe / darnach rechen es / mach die vberigen florenn zu gro: wie im Exempell angezeygt stet.

192 27 2394

((112)) Item einer kauft 18 Zentner 17 Pfund Unschlitt, gibt für den Zentner 3 Floren 5 Pfund 27 Pfennig, den Floren gerechnet für 5 Pfund 28 Pfennig und 1 Pfund für 30 Pfennige. Facit 72 Floren 3 Pfund 12 Pfennig 87/100. Tue dafür wie folgt: Mache Zentner zu Pfund, setze hinten. Danach mache 1 Floren zu Pfennig, lege auf 5 Pfund 28 Pfennig, die Pfund multipliziere mit 30, wird 178. Schreibe einstweilen gesondert und lege auf, so viel 1 Zentner kostet, also 3 Floren 5 Pfund 27 Pfennig. Mache Pfund mit 30 zu Pfennig und Floren mit 178, werden zusammen 711 Pfennig, steht wie folgt:

100 711 1817

((113)) Item zwei Scheiben mit Wachs wiegen zu Krakau 12 Zentner 1 Stein 7 Pfund und 9 Zentner 2 Stein 9 Pfund. (Es) kostet 1 Zentner 11 Floren ½ Ort, den Floren für 30 Groschen, 1 Groschen für 18 Heller, den Zentner für 5 Stein und den Stein für 26 Pfund gerechnet. Facit 241 Floren 20 Groschen 1 Heller 5/13. Mache es wie folgt: Summiere zusammen, kommen 2824 Pfund, setze wie folgt:

130 11⅛ 2824

Mache den Zentner vorne zu Pfund, brich es und gehe, rechne, es bleiben Floren, so mache mit 30 Groschen (für 1 Floren) wie angezeigt:

1040 89 2824

((114)) Item vier Scheiben mit Wachs wiegen zu Breslau 3 Zentner 1 Stein 7 Pfund, 4 Zentner 4 Stein 11 Pfund, 6 Zentner 1 Stein 8 Pfund und 3 Zentner 4 Stein 16 Pfund. (Es) kostet 1 Stein 3 Floren 1½ Ort. Facit 336 Floren 39 Groschen 4½ Heller, den Zentner für 132 Pfund, den Stein für 24 Pfund, den Floren für 60 Groschen und 1 Groschen für 12 Heller gerechnet. Mache es wie folgt: Summiere zusammen, mache Zentner zu Pfund mit 132 und Stein mit 24, kommen 2394 Pfund. Setze wie folgt:

24 3⅜ 2394

Brich es und gehe, danach rechne es, mache die übrigen Floren zu Groschen, wie im Exempel angezeigt steht:

192 27 2394

((115)) Item eyner kaufft fur 324 flo: Saffran / Negeleyn / vnd Ingwer / wil eyns so viel sam des andern haben / gylt 1 pfunt Saffran 3 floren 5 schilling / 1 pfunt Negelein 1 floren / 17 schil: vnnd 1 pfunt Ingwer 8 schil: Die frage nach der antzall / facit 58 pfunt / 29 lot / vnnd eyn |*69* eylffteyll eynes lotes / Thu ym also / lege zusamen / wieuiel ytzliches 1 pfunt kost / vñ komen 110 schilling / setz vñ sprich / 110 schilling gebñ 1 pfunt / was geben 324 floren / Mach hynden floren zu schilling / steht also.

110	1	6480

((116)) Item von 4 centnern 7 meyl gybt man 1 flo: 2 pfunt 9 pfennig furlohn / wieuiel meyl wirt man furn / 48 centner vmb 20 floren / facit 8 meyll / vnd 218/279teyl / den floren gerechent fur 7 pfunt / vnd 1 pfunt fur 30 pfennig / Setz also.

4	7	48
1.2.9		20

Leg auff forn 1 floren / 2 pfunt / 9 pfen: mach pfen: multiplicir mit 48 cent: hynden gesatzt / wirt 13392 setz forn / Darnach mach hinden die 20 floren auch zu pfe. vnd multiplicir mit dē cen. forn gesatzt / als 4 wirt 16800 / setz also

13392	7	16800

|*70* Sylber und gollt rechnūg.

((117)) Item 384 margk / 13 lott / 3 quenten Sylber / kost 1 margk 8 florenn / facit 3078 florenn / 17 schilling / vnd 6 heller / Setz also.

1	8	384.13.3

Mach die margk mitt 16 zu lotten / Darnach lott mit 4 zu quenten / stet also.

64	8	24631

((118)) Itē 125 margk / 3 lot / 1 quenten / kost 1 margk 8 flo: ½ ort / fa: 1017 flo: 5 ß 6 hl. vñ 3/32teyl

1	8⅛	125.3.1

((115)) Item einer kauft für 324 Floren Safran, Nelken und Ingwer, will eins so viel wie das andere haben. (Es) gilt 1 Pfund Safran 3 Floren 5 Schilling, 1 Pfund Nelken 1 Floren 17 Schilling und 1 Pfund Ingwer 8 Schilling. Die Frage (ist) nach der Anzahl. Facit 58 Pfund 29 Lot 1/11 eines Lotes. Tue dafür wie folgt: Lege zusammen, wie viel jedes (für) 1 Pfund kostet, und kommen 110 Schilling. Setze und sprich: 110 Schilling geben 1 Pfund, was geben 324 Floren? Mache hinten Floren zu Schilling, steht wie folgt:

110 1 6480

((116)) Item für 4 Zentner 7 Meilen (weit) gibt man 1 Floren 2 Pfund 9 Pfennig Fuhrlohn. Wie viele Meilen wird man führen 48 Zentner um 20 Floren? Facit 8 Meile 218/279, den Floren gerechnet für 7 Pfund und 1 Pfund für 30 Pfennig. Setze wie folgt:

4 7 48
1.2.9 20

Lege auf vorne 1 Floren 2 Pfund 9 Pfennig, mache Pfennig, multipliziere mit 48 Zentner hinten gesetzt, wird 13392, setze vorne. Danach mache hinten die 20 Floren auch zu Pfennig und multipliziere mit den Zentnern, (die) vorne gesetzt (sind), also 4, wird 16800, setze wie folgt:

13392 7 16800

Silber- und Gold-Rechnung

((117)) Item 384 Mark 13 Lot 3 Quenten Silber, kostet 1 Mark 8 Floren. Facit 3078 Floren 17 Schilling 6 Heller. Setze wie folgt:

1 8 384.13.3

Mache die Mark mit 16 zu Loten, danach Lot mit 4 zu Quenten, steht wie folgt:

64 8 24631

((118)) Item 125 Mark 3 Lot 1 Quenten, kostet 1 Mark 8 Floren ½ Ort. Facit 1017 Floren 5 Schilling 6 Heller 3/32.

1 8⅛ 125.3.1

Mach forn vñ hynden quentē / darnach brich es mitten / gehe / stet.

512 65 8013

((119)) Itē man kaufft 1256 margk / 12 lot / gekörnts hellt 1 margk 9 lot / 3 quenten / vñ kost 1 margk feyn 8 flo: 3 ß / facit 6241 flo: 10 ß 7 hel. vnd |*71* $^{29}/_{64}$teyl / machs also vñ rechē wieuil das stuck feyn hellt / sprich / 1 margk hellt 9 lot / 3 quent. feyn / was halten 1256 margk / vnnd 12 lott / mach forn vnnd hynden lot / darnach mitten quenten / steht

16 39 20108

Rechen es / so komet feyn Sylber 765 margk 13 lot / 1 quenten / vnd 1 pfe. gewicht / Rechen wieuiel es am gelt macht / sprich / 1 margk fur 8 flo. 3 schilling / wie komenn 765 margk 13 lot / 1 quent / vnd eyn pfennig gewicht / mach forn vnd hynden pfennig gewicht / vñ mitten schilling / stet also

256 163 196053

((120)) Item eyn Stuck Sylbers wigt 384 margk / 13 lot / 3 quent / hellt 1 margk 7 lot / 3 quent / 1 pfe. gewicht / kost 1 margk feyn sylbers 7 flo. 3½ ort / fa: 1479 flo. 17 ß 4 hl. vñ $^{619}/_{8192}$teyll Rechen wieuil das stuck feyn helt also sprich / 1 margk hellt 7 lot / 3 quenten / 1 pfeñig / was |*72* halten 384 margk / 13 lot / 3 quent / mach forn vnd hynden quenten / vñ mitten pfe: gewicht stet also.

64 125 24631

Multiplicir vnd diuidir / komen pfe. gewicht mach quent / darnach quenten zu lotten / vnd lot zu margken / facit feyn 187 margk / 14 lot / 2 quentenn / 3 pfennig gewicht / vnnd [$^{27}/_{46}$]<$^{27}/_{64}$>teyll

Rechen wieuiel man darauß löst / setz 1 margk feyn fur 7⅞ flo: wie komē 187 margk / 14 lot / 2 quentenn / 3 pfennig / vnnd $^{27}/_{64}$teyll / Mach forn vnnd hynden pfennig gewicht / gehe mit beydenn bruchenn in das forder / Darnach brichs in sich / stet also.

Mache vorne und hinten Quenten, danach brich es mitten, gehe, steht:

512 65 8013

((119)) Item man kauft 1256 Mark 12 Lot Gekörntes (nicht reines Silber). (Es) hält 1 Mark 9 Lot 3 Quenten (also 9¾ Lot Feinsilber in 16 Lot Legierung) und (es) kostet 1 Mark Fein(-Silber) 8 Floren 3 Schilling. Facit 6241 Floren 10 Schilling 7 Heller 29/64. Mache es wie folgt und rechne, wie viel das Stück Fein(-Silber) hält. Sprich: 1 Mark hält 9 Lot 3 Quenten Fein(-Silber), was halten 1256 Mark 12 Lot? Mache vorne und hinten Lot, danach mitten Quenten, steht:

16 39 20108

Rechne es, so kommt Fein-Silber 765 Mark 13 Lot 1 Quenten und 1 Pfenniggewicht. Rechne, wie viel es an Geld macht. Sprich: 1 Mark für 8 Floren 3 Schilling, wie kommen 765 Mark 13 Lot 1 Quent 1 Pfenniggewicht? Mache vorne und hinten Pfenniggewicht und mitten Schilling, steht wie folgt:

256 163 196053

((120)) Item ein Stück (nicht reinen) Silbers wiegt 384 Mark 13 Lot 3 Quent. (Es) hält 1 Mark 7 Lot 3 Quent 1 Pfenniggewicht (also 7 13/16 Lot Feinsilber in 16 Lot Legierung), kostet 1 Mark Fein-Silbers 7 Floren 3½ Ort. Facit 1479 Floren 17 Schilling 4 Heller 619/8192. Rechne, wie viel das Stück Fein(-Silber) hält, wie folgt: Sprich: 1 Mark hält 7 Lot 3 Quenten 1 Pfennig, was halten 384 Mark 13 Lot 3 Quenten? Mache vorne und hinten Quenten und mitten Pfenniggewicht, steht wie folgt:

64 125 24631

Multipliziere und dividiere, kommen Pfenniggewicht, mache Quent, danach Quenten zu Loten, und Lot zu Marken. Facit Fein(-Silber) 187 Mark 14 Lot 2 Quenten 3 Pfenniggewicht und 27/64.

Rechne, wie viel man daraus (er)löst. Setze: 1 Mark Fein(-Silber) für 7⅞ Floren, wie kommen 187 Mark 14 Lot 2 Quenten 3 Pfennig(gewicht) 27/64? Mache vorne und hinten Pfenniggewicht, gehe mit beiden Brüchen in das Vordere, danach brich es in sich, steht wie folgt:

131072 63 3078875

Volfure es komet das facit wie oben.

¶ ((121)) Item eynn margk goldes hellt am strich 17 karat / vnd kost 1 karat 3 floren / [6]<9> ß / facit 58 floren / vnd 13 schilling / setz also.

1 3.9 17

|*73* ((122)) Item eyner kaufft eynn Stuck Goldes / wygt 28 margk / 12 lott / hellt 1 margk am strych 16 karat / kost 1 karat 3 floren / 1½ ort / facit 1552 floren / vnd 10 schilling / Rechen wieuielß feyn helt / sprich / 1 margk helt [10]<16> karat / was haltē 28 margk / vnnd 12 lot / Mach fornn vnnd hynden lot / steht also wie hye.

16 16 460

facit 460 karat / Rechenn wieuiel die am gellt machen / sprich / 1 karat fur 3 floren / 1½ ortt / wie komen 460 karat / brichs vnd gehe / steht.

8 27 460

((123)) Item man kaufft 1 Stuck Goldes / wygt 25 margk / 13 lott / 3 quentenn / hellt 1 margk 18 karat / 3 gran / vnnd kost 1 karat 3 florenn / 10 [schileing]<schilling> / 9 heller / facit 1715 floren / 4 schilling 0 heller / vnnd 237/256teyll / Machs also / rechen wieuiel das stuck feyn am Gollt hellt / sprich / 1 margk hellt 18 karat / 3 gran / was haltenn |*74* 25 margk / 13 lott / vndd 3 quent / Mach forn vnd hynden quenten / darnach mitten gran / steht also / Wyß das eynn karat 4 gran hatt.

64 75 1655

Multiplicir / teyll ab / mach gran zu karaten / werden 484 karat / 3 gran / vnnd 29/64 Rechenn wieuiel die am gellt machenn / sprich / 1 karatt fur 3 florenn / 10 schilling / 9 heller / wie komen 484 karat / 3 gran / vnd 29/64 mach forn vnnd hynden karat / mit 4 zu granen / mach mitten heller / brichs hyndenn / gehe ynß forder / stett also wie hye vorzeychent.

131072 63 3078875

Vollführe, es kommt das Facit wie oben.

((121)) Item 1 Mark Goldes hält am Strich (= beim Streichen am Probierstein) 17 Karat (also 17 Karat Feingold in 24 Karat Legierung) und (es) kostet 1 Karat (Feingold) 3 Floren 9 Schilling. Facit 58 Floren 13 Schilling. Setze wie folgt:

1 3.9 17

((122)) Item einer kauft ein Stück Goldes, wiegt 28 Mark 12 Lot. (Es) hält 1 Mark am Strich (= beim Streichen am Probierstein) 16 Karat (also 16 Karat Feingold in 24 Karat Legierung). (Es) kostet 1 Karat (Feingold) 3 Floren 1½ Ort. Facit 1552 Floren 10 Schilling. Rechne, wie viel es Fein(-Gold) hält. Sprich: 1 Mark hält 16 Karat, was halten 28 Mark 12 Lot? Mache vorne und hinten Lot, steht wie hier folgt:

16 16 460

Facit 460 Karat. Rechne, wie viel die an Geld machen. Sprich: 1 Karat für 3 Floren 1½ Ort, wie kommen 460 Karat? Brich es und gehe, steht:

8 27 460

((123)) Item man kauft 1 Stück Goldes, wiegt 25 Mark 13 Lot 3 Quenten. (Es) hält 1 Mark (am Strich) 18 Karat 3 Gran (also 18¾ Karat Feingold in 24 Karat Legierung), und (es) kostet 1 Karat (Feingold) 3 Floren 10 Schilling 9 Heller. Facit 1715 Floren, 4 Schilling 0 Heller 237/256. Mache es wie folgt: Rechne, wie viel das Stück Fein(-Gold) an Gold hält. Sprich: 1 Mark hält 18 Karat 3 Gran, was halten 25 Mark 13 Lot 3 Quent? Mache vorne und hinten Quenten, danach mitten Gran, steht wie folgt; wisse, dass 1 Karat 4 Gran hat:

64 75 1655

Multipliziere, teile, mache Gran zu Karat, werden 484 Karat 3 Gran 29/64. Rechne, wie viel die an Geld machen. Sprich: 1 Karat für 3 Floren 10 Schilling 9 Heller, wie kommen 484 Karat 3 Gran 29/64? Mache vorne und hinten Karat mit 4 zu Granen, mache mitten Heller, brich es hinten, gehe ins Vordere, steht wie hier folgt verzeichnet:

256 849 124125

Multiplicir vnnd diuidir / komenn heller / die mache zu schillingenn / Darnach schilling zu floren / so hastu das facit.

((124)) Item 21 margk / 14 lott / 3 quenten / vnnd 3 pfennig gewicht / hellt 1 margk 22 karat / vnd 3 gran / wieuiel thut es feyn zu 24 / karat facit 20 margk / 12 lot /2 quenten / 2 pfennig 1 heller |75 vnnd 5/48 vnnd man gybt 1 lot fur 5 florenn / 5 schilling / facit 1746 floren / 9 schilling / 2 heller vnd 125/128teyl / machs also durch die verkerung sprich / 24 karat gebenn 21 margk 14 lott / 3 quenten / 3 pfennig / was geben 22 karat / vnd 3 gran / Mach forn vnnd hynden gran /darnach mitten pfennig gewicht / stet also.

96 5615 91

Multiplicir vnd diuidir / komen eytel pfennig gewicht / mach darauß quentenn / Darnach quenten zu lotten / vnnd die lott zu margken / komet wie oben /

Rechen wiuiel es macht am gellt / sprich / 1 lot fur 5 floren / 5 schilling / wie komen 20 margk / 12 lot / 2 quenten / 2 pfennig gewicht / 1 heller / vnnd 5/48 Mach forn vnnd hyndenn hellergewicht / brichs hynden / gehe ins forder / vn̄ mach in der mitt schil: stet also

1536 105 510965

Multiplicir vnd diuidir / komen ß / mach flo: die vberigen ß mach zu hellern vnnd teyll ab.

256 849 124125

Multipliziere und dividiere, kommen Heller, die mache zu Schilling, danach Schilling zu Floren, so hast du das Facit.

((124)) Item 21 Mark 14 Lot 3 Quenten und 3 Pfenniggewicht. (Es) hält 1 Mark (am Strich) 22 Karat 3 Gran (also 22¾ Karat Feingold in 24 Karat Legierung). Wie viel tut (enthält) es Fein(-Gold) zu 24 Karat (also reines Gold mit 24 Karat Feingold in 24)? Facit 20 Mark 12 Lot 2 Quenten 2 Pfennig 1 Heller 5/48. Und man gibt 1 Lot (Feingold) für 5 Floren 5 Schilling. Facit 1746 Floren 9 Schilling 2 Heller 125/128. Mache es wie folgt durch die Umkehrung. Sprich: 24 Karat geben 21 Mark 14 Lot 3 Quenten 3 Pfennig, was geben 22 Karat 3 Gran? Mache vorne und hinten Gran, danach mitten Pfenniggewicht, steht wie folgt:

96 5615 91

Multipliziere und dividiere, kommen pure Pfenniggewicht, mache daraus Quenten, danach Quenten zu Loten und die Lot zu Marken, kommt wie oben.

Rechne, wie viel es macht an Geld. Sprich: 1 Lot für 5 Floren 5 Schilling, wie kommen 20 Mark 12 Lot 2 Quenten 2 Pfenniggewicht 1 Heller(gewicht) 5/48? Mache vorne und hinten Hellergewicht, brich es hinten, gehe ins Vordere und mache in der Mitte Schilling, steht wie folgt:

1536 105 510965

Multipliziere und dividiere, kommen Schilling, mache Floren, die übrigen Schilling mache zu Hellern und teile.

|*76* **Volgē hernach geselschafft**

((125)) Item yhr drey machen eyne geselschafft / Der erste legt 123 floren / Der ander 536 Vnnd der drytte 141 floren / haben gewonnen 130 floren / Die frage wiuiel ytzlichem vom gewynn geburt / facit / Dem ersten 19 floren / 19 schilling / 9 heller / Dem andern 87 florenn / 2 schilling / Vnnd dem dritten 22 florenn / 18 schilling / 3 heller / Machs also / setze hynden wieuiel yder gelegt hatt / lege das selbige zu samenn / was komet ist der teyler / setz forn / vnd den gewyn mitten / stet.

		123	erst
800	130	536	ander
		141	dritt

Lege auff 123 so viel der erste gelegt / multiplicir mit dem gewyn als 130 / teyl ab durch das forder / so hastu wieuil dem ersten geburt / zcu gleych thu mitt den andern zweyen / so befindestu auch yren teyll / Wyltu aber probirn ob du recht gemacht hast / so lege zcusamenn der dreyer gewyn / Mach heller zu schilling / vnd |*77* schilling zu floren / so komet der gewynn / auß solchem addirn.

((126)) Item drey gesellen machenn eyne geselschafft / Der erste legt 20 floren / 4 monat / Der ander 24 floren 3 monat / Vnd der dritte 40 floren 1 monat / haben 101 floren gewonnen / wieuiell geburt ytzlichem / facit / Dem ersten 42 floren / 1 schilling 8 heller / Dem andern 37 floren / 17 schilling / 6 heller / Vnd dem dritten 21 floren / 10 heller / Machs also / multiplicir eynes ytzlichenn gellt mitt dem monat die er gestanden / setze darnach wie volget.

		80
192	101	72
		40

Somir hynden zu samen / wirdt 192 setze forn ist deyn teyler / alls dan volfure es wie in vorgesatztem exempell ercleret.

((127)) Item yr drey kauffen eyn thonna mit Hering hellt 1300 hering / kost 7 floren / 3½ ort / Der |*78* erste will nehmenn ⅓ Der ander ¼ Vnnd der drit ⅐ wieuiel geburn ytzlichem hering / vnnd wieuiel sol er darfur

(Es) folgen hernach Gesellschaft(en)

((125)) Item von denen (Gesellen) drei machen eine Gesellschaft. Der erste legt 123 Floren, der zweite 536 und der dritte 141 Floren. (Sie) haben gewonnen 130 Floren. Die Frage (ist), wie viel jedem vom Gewinn gebührt. Facit: dem ersten 19 Floren 19 Schilling 9 Heller, dem zweiten 87 Floren 2 Schilling und dem dritten 22 Floren 18 Schilling 3 Heller. Mache es wie folgt: Setze hinten, wie viel jeder gelegt hat, lege dasselbe zusammen, was kommt, ist der Teiler, setze vorne und den Gewinn mitten, steht:

		123	erster
800	130	536	zweiter
		141	dritter

Lege auf 123, so viel der erste gelegt (hat), multipliziere mit dem Gewinn, also 130, teile durch das Vordere, so hast du, wie viel dem ersten gebührt; in gleicher Weise tue mit den anderen Zweien, so findest du auch deren Teile. Willst du aber probieren, ob du (es) richtig gemacht hast, so lege zusammen der Dreier Gewinn, mache Heller zu Schilling und Schilling zu Floren, so kommt der Gewinn aus solchem Addieren.

((126)) Item drei Gesellen machen eine Gesellschaft. Der erste legt 20 Floren (für) 4 Monate, der zweite 24 Floren (für) 3 Monate und der dritte 40 Floren (für) 1 Monat. Haben 101 Floren gewonnen, wie viel gebührt jedem? Facit: dem ersten 42 Floren 1 Schilling 8 Heller, dem zweiten 37 Floren 17 Schilling 6 Heller und dem dritten 21 Floren 10 Heller. Mache es wie folgt: Multipliziere eines jeden Geld mit den Monat(en), die er gestanden (hat), setze danach wie folgt:

		80
192	101	72
		40

Summiere hinten zusammen, wird 192, setze vorne, ist dein Teiler, alsdann vollführe es, wie in vorgesetztem Exempel erklärt.

((127)) Item von denen (Gesellen) drei kaufen eine Tonne mit Hering, hält 1300 Hering, kostet 7 Floren 3½ Ort. Der erste will nehmen (im Verhältnis zueinander) ⅓, der zweite ¼ und der dritte ⅐. Wie viel gebenn / facit Dem ersten $596\frac{44}{61}$teyll / Dem andern $447\frac{33}{61}$teyll / Vnnd dem dritten $255\frac{45}{61}$teyl von eym hering / facit an der bezalung / Der erste 3 floren / 12 schilling / drey heller $\frac{33}{61}$teyll eynes hellers / Der ander 2 floren / 14 schilling / 2 heller $\frac{40}{61}$teyl / Vnd der drit 1 florenn / 10 schilling / 11 heller / vnnd $\frac{49}{61}$teyll / Machs vnnd setze also

⅓	¼	⅐

Nun such eyne zall / darynnen du die teyll hast also multiplicir die vndern mit eynander / lege auff 3 multiplicir mit 4 wirt 12 die multiplicir mit 7 wirdt 84 das ist die zall / teyll ab mit 3 mit 4 vnd mit 7 wirdt 28. 21 vnnd 12. setz hynden / addir zusamen / setz forn / wirdt deyn teyler / vñ die 1300 hering setz mittē hinein also

|*79*

		28
61	1300	21
		12

Mach wie du vnderweyst byst / so kommen ytzlichem seyn teyl hering / Wyltu dan wissen wieuiel eyn ytzlicher fur seyn hering geben sol / So lesch auß die hering / schreyb darfur was sie kosten / alls 7 floren / sieben achteyll / brichs in der mitte / vnd gehe mit dem bruch inß forder / alls in 61 wirdt 488 stet also.

		28
488	63	21
		12

((128)) Item 3 knapsegk lassen yhn kauffen eyn sagk mit Pfeffer / wygt zu Nurmbergk 204 pfunt tara drithalb pfunt / kost 1 pfunt 6 schilling / 9 heller / gesteht zu fur vnd zoll / vnd alda in die [wah]<wag> 2 floren / 10 schilling / vnd 10 pfunt von Nurmbergk / thun 11 zu Leyptzig / alda teylen sie denn pfeffer / Der erste nymet ⅓ Der ander ⅕ Vnnd der dritte ⅑ wöln in muncz betzalen Auch 20 schilling machen 21 groschen / facit |*80* Dem ersten 114 pfundt / 20 lot / vnnd $\frac{20}{29}$ Dem andern 68 pfunt / 25 lot / vnd $\frac{31}{145}$ Dem dritten 38 pfunt / 6 lott / vnnd $\frac{26}{29}$teyl / facit / Der erste zugeben 36 florenn / 9 groschenn / 10 pfennig / vnd ¼ hellers / Der ander 21 floren / 18 grosch. 6 pfennig / vnd $\frac{3}{20}$ hellers / Vnnd der dritt / 12 floren / 3 groschen / 3 pfennig / vnd ¾ hellers /

gebühren jedem Hering, und wie viel soll er dafür geben? Facit: dem ersten 596 44/61, dem zweiten 447 33/61 und dem dritten 255 45/61 von einem Hering. Facit an der Bezahlung: der erste 3 Floren 12 Schilling 3 Heller 33/61 eines Hellers, der zweite 2 Floren, 14 Schilling, 2 Heller 40/61 und der dritte 1 Floren 10 Schilling 11 Heller 49/61. Mache es und setze wie folgt:

1/3 1/4 1/7

Nun such eine Zahl, in der du die Teile hast, wie folgt: Multipliziere die unteren miteinander, lege auf 3, multipliziere mit 4, wird 12, die multipliziere mit 7, wird 84, das ist die Zahl, teile durch 3, durch 4 und durch 7, wird 28, 21 und 12. Setze hinten, addiere zusammen, setze vorne, wird dein Teiler, und die 1300 Hering setze mitten hinein, wie folgt:

		28
61	1300	21
		12

Mache, wie du unterwiesen bist, so kommt jedem sein Teil Hering (zu). Willst du dann wissen, wie viel ein jeder für sein Hering geben soll, so lösche aus die Hering, schreibe dafür, was sie kosten, also 7 Floren 7/8, brich es in der Mitte und gehe mit dem Bruch(nenner) ins Vordere, also in 61, wird 488, steht wie folgt:

		28
488	63	21
		12

((128)) Item 3 Knappsäcke (= Hausierer) lassen für sich kaufen einen Sack mit Pfeffer, (der) wiegt zu Nürnberg 204 Pfund, Tara 2½ Pfund. (Er) kostet 1 Pfund 6 Schilling 9 Heller, (es) entstehen zu Fuhr(lohn) und Zoll und dort in die Waage (Kosten von) 2 Floren 10 Schilling, und 10 Pfund von Nürnberg tun 11 zu Leipzig, dort teilen sie den Pfeffer. Der erste nimmt (im Verhältnis zueinander) 1/3, der zweite 1/5 und der dritte 1/9. (Sie) wollen in Münz(geld) bezahlen, auch 20 Schilling machen 21 Groschen. Facit dem ersten 114 Pfund 20 Lot 20/29, dem zweiten 68 Pfund 25 Lot 31/145, dem dritten 38 Pfund 6 Lot 26/29. Facit: Der erste (hat) zu geben 36 Floren 9 Groschen 10 Pfennig 1/4 Heller, der zweite 21 Floren 18 Groschen 6 Pfennig 3/20 Heller und der dritte 12 Floren 3 Groschen 3 Pfennig 3/4 Heller.

Machs also / lege auff 204 pfunt / so viell der sagk wigt / Nym ab das tara / so bleyben 201 pfunt / vnd eyn halbes / rechen was sie kosten sprich / 1 pfundt fur 6 schilling / 9 heller / wie komen 201 pfunt / vnnd eyn halbes / facit mit furlohn 70 floren / 10 schilling / eyn heller / eyn halber / die mergk / Mach Nurmbergisch gewicht zu Leyptzisch / sprich / 10 pfundt thun 11 pfundt / was thunn 201½ pfundt / facit 221 13/20 pfundt / Setz fort also ⅓ ⅕ ⅑ |*81* such eyne zall / multiplicir die vndern mit eynander / wirdt 135 teyll ab mit 3. 5. vnnd 9 setze hynden / addir zu samen / setz forn / vn̄ mitten 221 13/20 pfunt / brichs mitten / vnd gehe in das forder / steht.

		45
1740	4433	27
		15

Multiplicir / Diuidir / mach lott mitt 32 auß den vberigen pfunden / teyle ab / Rechen eynen nach dem andern / so hastu wieuiell ytzlichem vom Pfeffer geburt /

Wiltu nun wissen / wie viel ytzlicher fur seynenn Pfeffer geben soll / so mach das gollt zu muntz / sprich / 20 schilling machen 21 groschen / was machen 70 floren / 10 schilling / vnnd 1½ hellers / facit 70 floren / 10 groschenn / 7 pfenning / vnnd 23/40teyll / lesche nun das forder vnd mittel auß / setz in die mit 70 florenn / 10 groschenn / 7 pfennig 23/40teyll |*82* Somir das hynder zusamenn / Brichs mitt dem mitteln / setz forn / Darnach mach mitten pfennig / vnd brichs / stet also.

		45
3480	710703	27
		15

Rechenn eynn nach dem anndern / komenn pfennig / mach groschen / vnnd groschenn zu floren / so befindt es sich recht.

((129)) Item ann eynem tantz seyndt 546 personn darunder seyndt eynn dritteyl Junge gesellen / ¼ bürger ⅙ edelleut ⅛ paurn vnd ¾ Junckfrawen / Nun seyndt der Junckfrawen nicht so viel / darmit sie alle tzu gleychenn tantzenn mögen / dan so offt 6 Junckfrawen tantzen /

Mache es wie folgt: Lege auf 204 Pfund, so viel der Sack wiegt, nimm ab die Tara, so bleiben 201 Pfund ½. Rechne, was sie kosten. Sprich: 1 Pfund für 6 Schilling 9 Heller, wie kommen 201 Pfund ½? Facit mit Fuhrlohn 70 Floren 10 Schilling 1 Heller ½. Die merke. Mache Nürnberger Gewicht zu Leipziger. Sprich: 10 Pfund tun 11 Pfund, was tun 201½ Pfund? Facit 221 13/20 Pfund. Setze fort wie folgt: ⅓, ⅕, ⅑, such eine Zahl, multipliziere die unteren miteinander, wird 135, teile durch 3, 5 und 9, setze hinten, addiere zusammen, setze vorne und mitten 221 13/20 Pfund, brich es mitten und gehe in das Vordere, steht:

		45
1740	4433	27
		15

Multipliziere, dividiere, mache Lot mit 32 aus den übrigen Pfunden, teile, rechne einen nach dem anderen, so hast du, wie viel jedem vom Pfeffer gebührt.

Willst du nun wissen, wie viel jeder für seinen Pfeffer geben soll, so mache das Gold(geld) zu Münz(geld). Sprich: 20 Schilling machen 21 Groschen, was machen 70 Floren 10 Schilling 1½ Heller? Facit 70 Floren 10 Groschen 7 Pfennig 23/40. Lösche nun das Vordere und Mittlere aus, setze in die Mitte 70 Floren 10 Groschen 7 Pfennig 23/40, summiere das Hintere zusammen, brich es mit dem Mittleren, setze vorne, danach mache in der Mitte Pfennig und brich es. Steht wie folgt:

		45
3480	710703	27
		15

Rechne eins nach dem anderen, kommen Pfennig, mache Groschen und Groschen zu Floren, so befindet es sich richtig.

((129)) Item an einem Tanz sind 546 Personen, darunter sind (im Verhältnis der als Geschlechter bezeichneten Gruppen zueinander) ⅓ junge Gesellen, ¼ Bürger, ⅙ Edelleute, ⅛ Bauern und ¾ Jungfrauen. Nun sind der Jungfrauen nicht so viel, dass sie alle in gleicher Weise tanzen können, denn so oft 6 Jungfrauen tanzen, so manches Mal (= ebenso

so manches mall muß 1 person vnnder gemelten geschlechtenn feyernn / Frage ich / wie viel eynes ytzlichenn geschlecht in sonderheyt sey / Machs also / such 1 zall darinnen du die teyll hast / ist 24 teyll in 3 wirdt 8 / setz fur die gesel |*83* lenn / teyl 24 in 4 wirdt 6 fur die burger / teyll 24 in 8 wirdt 3 setz fur die baurn / teyll in 4 die 24 komen 6 / multiplicir mit 3 dan yr sollenn drey viertell seyn / wirdt 18 setz hynden / vnnd 546 person mitten in stet also.

		8	Junge gesellen
		6	Burger
39	546	4	Edelleut
		3	Baurn
		18	Junckfrawen

Facit Gesellen 112 / Burger 84 / Edelleut 56 / Baurn 42 / vnd Junckfrawen 252.

Wyltu nuhn wissen wieuiel yedes geschlecht alle mall feyern sollen / setz.

		112
		84
294	42	56
		42

Somir das hynder zusamen / setz fornn nym die zal der iūckfrawenn daruonn / Volfure es wie du weyst / so feyern 16 Junge gesellen / 12 burger / 8 edelleut / vnnd 6 paurn / recht gemacht.

oft) muss 1 Person unter den genannten Geschlechtern (Gruppen von Männern) feiern (pausieren, denn auf 6 Jungfrauen kommen 7 Männer). (Nun) frage ich, wie viel eines jeden Geschlechts (= von jeder Gruppe) in Sonderheit (= jeweils für sich) sei. Mache es wie folgt: Suche eine Zahl, in der du die Teile hast, (sie) ist 24. Teile in 3, wird 8, setze für die Gesellen, teile 24 in 4, wird 6 für die Bürger, teile 24 in 8, wird 3, setze für die Bauern, teile in 4 die 24, kommen 6, multipliziere mit 3, denn von denen (Jungfrauen) sollen ¾ sein, wird 18. Setze hinten, und 546 Person(en) mitten in. Steht wie folgt:

		8	junge Gesellen
		6	Bürger
39	546	4	Edelleute
		3	Bauern
		18	Jungfrauen

Facit: Gesellen 112, Bürger 84, Edelleute 56, Bauern 42 und Jungfrauen 252.

Willst du nun wissen, wie viel jedes Geschlechts allemal (= jedesmal) feiern (pausieren) sollen, setze:

		112
		84
294	42	56
		42

Summiere das Hintere zusammen, setze vorne, nimm die Zahl der Jungfrauen davon, vollführe es, wie du weißt, so feiern (pausieren) 16 junge Gesellen, 12 Bürger, 8 Edelleute und 6 Bauern. Richtig gemacht!

Stich.

((130)) Item eyner hat wachs das will er verstechen vmb Ingwer / gyllt 1 steyn wachs 1 florenn / |*84* vierthalben ort bahrgellt / den setzt er am stich fur 2 floren / 1 ort / vnnd 1 steyn Ingwer gyllt bahrgellt 8 floren / 1 ort / wie theur soll mann denn Ingwer setzen / das er dem wachs stych gleych werdt / facit fur 9 floren / vnd 18 schilling / Vnnd wieuiel Ingwer geburdt sich fur 258 steyn / vnd zwey dritteyl wachs / facit 58 steyn / 17 pfunt / vnnd eynn dritteyll / Machs also / sprich / 1 florenn / vnnd siebenn achteyll bahrgellt / gebenn 2 floren / eynn vierteyll am stich / was geben 8 floren / vnnd eyn vierteyll / Brichs vnd gehe / stet also.

240 9 264

Wyltu nun wissenn wieuiell er Ingwer hatt gehabt / so rechenn wieuiel das wachs macht sprich / 1 steyn fur 1⅞ flo: wie komen 258⅔ steyn / brichs / gehe inß forder / stet.

24 15 776

Rechenn es so komenn dyr 485 florenn / Setz nun fort vnd sprich / 8 floren / vn̄ eyn vierteyl geben 1 steyn / was geben 485 floren / brich es gehe steht also.

33 1 1940

Stich (= Tausch)

((130)) Item einer hat Wachs, das will er verstechen um (= tauschen für) Ingwer, (es) gilt 1 Stein Wachs 1 Floren 3½ Ort Bargeld. Den (sein Wachs) setzt er am Stich für 2 Floren 1 Ort. Und 1 Stein Ingwer gilt Bargeld 8 Floren 1 Ort. Wie teuer soll man den Ingwer setzen, dass er dem Wachs-Stich gleich wird? Facit: für 9 Floren 18 Schilling. Und wie viel Ingwer gebührt sich für 258 Stein ⅔ Wachs? Facit 58 Stein 17 Pfund ⅓. Mache es wie folgt. Sprich: 1 Floren ⅞ Bargeld geben 2 Floren ¼ am Stich, was geben 8 Floren ¼? Brich es und gehe, steht wie folgt:

240 9 264

Willst du nun wissen, wie viel er Ingwer gehabt hat, so rechne, wie viel das Wachs macht. Sprich: 1 Stein für 1⅞ Floren, wie kommen 258⅔ Stein? Brich es, gehe ins Vordere, steht:

24 15 776

Rechne es so: Kommen dir 485 Floren. Setze nun fort und sprich: 8 Floren ¼ geben 1 Stein, was geben 485 Floren? Brich es, gehe, steht wie folgt:

33 1 1940

|*85* **Resoluirung.**

Im erstenn buchleynn ist der floren gerechent für 21 groschen / vnd 1 grosch fur 12 pfennig.

Item 1 centner hatt 100 pfundt / im anndern buchleyn.
[Ader]<Aber> im ersten hat der centner 110 pfundt.

Item 5 steyn ist auch 1 centner. 22 pfundt ist 1 steyn / 32 lot ist 1 pfundt. 16 lott ist 1 margk. 4 quenten ist 1 lott. 4 pfennig. gewicht ist 1 quenten. 2 heller ist 1 pfennig gewicht.

Item 36 elln ist 1 tuch ((nicht in 2)). 22 elln ist 1 parchat. 32 elln ist eyn zwilich. 48 elln ist eyn harras. 24 elln ist eyn setyn. Siebentzenthalbe elln ist eyn damaschkt.

Item 12 eymer ist eyn fuder. 64 virtel ist eyn eymer.

Item 16 schöffell ist eyn malder.

Item 10 messer ist eyn techer.

Item 22 tuch ist eyn saum.

Item 24 karat ist eyn margk am strich. 4 gran ist eyn karat. ⅔ lot ist auch 1 karat.

|*86* Item ½ ort ist ⅛ floren.
1 ort ist ¼ floren.
1½ ort ist ⅜ floren.
2 ort ist ½ floren.
2½ ort ist ⅝ floren.
3 ort ist [⅜]<¾> floren.
vnd 3½ ort ist ⅞ floren
darfur sol man setzen.

Resolvierung (= Auflösung der Maßangaben)

Im ersten Büchlein ist der Floren gerechnet für 21 Groschen und 1 Groschen für 12 Pfennig.

Item 1 Zentner hat 100 Pfund im zweiten Büchlein. Aber im ersten (doch nicht in Exempel 6) hat der Zentner 110 Pfund.

Item 5 Stein ist auch 1 Zentner. 22 Pfund ist 1 Stein. 32 Lot ist 1 Pfund. 16 Lot ist 1 Mark. 4 Quenten ist 1 Lot. 4 Pfenniggewicht ist 1 Quenten. 2 Heller ist 1 Pfenniggewicht.

Item 36 Ellen ist 1 Tuch (nicht in Exempel 2). 22 Ellen ist 1 Parchat. 32 Ellen ist 1 Zwillich. 48 Ellen ist 1 Harras. 24 Ellen ist 1 Setyn. 16½ Ellen ist 1 Damast.

Item 12 Eimer ist 1 Fuder. 64 Viertel ist 1 Eimer (nicht in Exempel 4, 7, 13).

Item 16 Scheffel ist 1 Malter.

Item 10 Messer ist 1 Techer (= Zehner).

Item 22 Tuch ist 1 Saum.

Item 24 Karat ist 1 Mark am Strich (= beim Streichen über den Probierstein als reines Feingold). 4 Gran ist 1 Karat. ⅔ Lot ist auch 1 Karat.

Item ½ Ort ist ⅛ Floren,
1 Ort ist ¼ Floren,
1 ½ Ort ist ⅜ Floren,
2 Ort ist ½ Floren,
2½ Ort ist ⅝ Floren,
3 Ort ist 3 Floren und
3½ Ort ist ⅞ Floren.
Dafür soll man setzen.

Wyltu wissenn wieuiel ⅔ floren / odder ¾teyl sey / so setze vnnd sprich / eynn florenn gybt 21 groschen / was gebenn ⅔ floren / odder ¾teyl Volfure es nach gesagtenn /

Vnnd will also hyemit beschlyessen gegenwertiges buchleyn / von den linihen gesatzt / Byt derhalben eynen ytzlichen lyebhaber dysßer kunst / Der sollichs lesen ist / ob yrgent etwas zu viel / odder wenig gesatzt / das selbige gutlichenn rechtfertigenn / will ich mit der zeyt / so myr mehr wyl verlyhen / willigklichen vordyenen / Den rechten |*87* grundt auf der federn / mit sampt den regelln Algebre / auff das grundtlichest in tag geben / vnnd ytzlichem getrewlich mytteylen.

¶ Gedruckt tzu Erffordt / durch Mathes Maler. M. CCCCC. xxv. Jar.

Willst du wissen, wie viel ⅔ Floren oder ¾ seien, so setze und sprich: 1 Floren gibt 21 Groschen, was geben ⅔ Floren oder ¾? Vollführe es nach (dem) Gesagten.

(Schluss)

Und (ich) will also hiermit beschließen gegenwärtiges Büchlein, von den Linien gesetzt. (Ich) bitte derhalben einen jeden Liebhaber dieser Kunst, der solches lesen(d) ist, ob irgend etwas zu viel oder (zu) wenig gesetzt (ist), dasselbe gütig (zu) rechtfertigen (= berichtigen). (Auch) will ich mit der Zeit, so mir mehr Weile verliehen (ist), (bereit)willig verdienen (= den Dienst leisten), den rechten Grund auf der Feder mitsamt den Regeln (der) Algebra auf das Gründlichste in Tag (zu) geben und einem jeden getreulich mit(zu)teilen.

Gedruckt zu Erfurt durch Mathes Maler (im) 1525. Jahr.

Das erste Rechenbuch

Faksimile

Rechnung auff der linihen

gemacht durch Adam Riesen vonn Staffel-
steyn/ in massen man es pflegt tzu lern in allen
rechenschulen gruntlich begriffen anno 1518.
vleysigklich vberlesen/ vnd zum andern mall
in trugk vorfertiget.

¶ Getruckt zu Erffordt zcum
Schwartzen Horn.
1525.

Dem Erbarn Erßamen vñ volweyſen herrn
Vrban Oſan/ Ampts vorweſer auff ſant
Annabergk meynem beſundern
gunſtigen herren.

Heyl in Chriſto/ nach dem ich/ gunſtiger herr die theure ſchepffunge dieſer wellt/ offtmalls in betrachtunge genomen/ befinde das Gott alle/ aller landt vnnd leut/ leben/ weſen/ vnd wandel/ alſo hat geordnet/ das keins des andern woll entpern kan/ ſonder muſſen vndereynander/ mit kauffen vnnd verkauffen/ mit wechſſelnn/ wahr vmb wahre gebenn odder nemen/ vñ der gleychen handtierung zu thun haben/ So byn ich retdigk worden/ gemeyner deutſcher nationn/ hyrinnen meynenn dyenſt nach vermůgen zu beweyßen/ Vnd habe vor etzlichen iaren dieſes Rechenbuchlein auff der linihen/in trugk laßen außgehen/ darinnen die kinder vor das erſte in geneyner rechnūge vnderweyßet/ zcur begreyffunge grőſſerer dinge/ geſchickt wurden/ vnd nit lanck darnach ein annders an tag geben/ welches etzlicher maß hőher iſt/ lernt aber ganntz kunſtlich auff der linihen vnd feddern rechn Seintemal aber ich durch gutte freunde/ dieser kunst gyrigk vnnd in sonderheyt von ewr erbarkeyt vielmals an gesucht vnnd ermandt byn/ etwas dauon zu schreybenn/ So hab ich das selbige buchleyn wider zu handen genomen/ vleysig vbersehen was mangell/ tungkell oder schwer gewesen/ gebessert/ clerlicher vnd leychter auffs orden lichste ich vermocht angezeyget/ vnd ewr er barkeyt alls meynem gunstigen herrn/ gutter meynunge wolln zuschreyben/ Dienstlich byt tende/ solchs in gut auffnemen/ vnd euch als eynem beschutzer vnd patron wider die feinde dieser kunst/ guttwillig erzeygen/ Dann so ich sehen werde/ das es ewr erbarkeyt angenehm vnnd den andern wyrdt nutze sein/ wurde ich dardurch gereytzt das hynderstellig buchlein/ auch widder herfur zu zyhen/ vnnd was dar ynnen nott sein wurde/ zu andern oder zuuor clern/ auffs vleysigst herauß streychen/ damit ein yeder/ so darzu lust hatt/ zum grundt vnd erkentnus dieser kunst komen möchte/ Hyemit Got beuolen.

Ewr erbarkeyt williger.

Adam Riess Rechenmeyster

auff sant Annabergk.

A ij

¶ Zum ersten sol ein yeder anhebender schůler leren erkennen/ die ziffer/ darnach die linihen/ alls dan nidderlegen vnd auff heben ꝛc.

Numerirn.

Heyßt zelln/ lernt wie man ein yede zall schrey- ben/ erkennen/ vnd außsprechen soll/ solt wis- sen das zehen ziffer ader figurn seindt/ damitt mann ein yede zall schreybt/ sie sey kleyn odder groß/ vnter welchen die ersten neun bedeutlich seinn/ werdenn also gezeychent. 1 2 3 4 5 6 7 8 9. Vnd die zehendt bedeut alleyn nichts/ sonder wen sie andern furgesatzt wurd macht sie die selbigen mehr bedeutten/ wurdt also geschriben. 0. Nun soltu wissen/ das ein ytzliche ziffer vnter obgeschriben zehen/ an der ersten stat gegenn der rechten hanndt/ bedeut sich selbest/ An der andern stat gegen der ling- ken handt souiell zehen/ ann der dritten souiell hundert/ vnd an der vierden gegen der lingken hand souiel tausent/ das merck in diesen wor- ten/ eyns/ zigk/ hundert/ tausent/ vō der rechten handt/ zele gegen der lingken wie hye.

8 9 7 6

Lingk Recht

7 5 8 9

tausent hundert zigk sich selb

So nun mehr dan vier ziffer bey eynander ste-
hen/ wollest die außsprechen/ so setze auff das
tausent ein puncktlein/ das ist auff die vierde
ziffer/ von der rechten handt gen der lingken/
vnd heb daran widderumb an zu zelen/ eyns/
zigk/oder zehen ꝛc. so lang byß zum ende hyn-
auß/ Als dan hebe an auß zusprechen von der
lingken gegen der rechten hand Die dritte ziffer
das ist das hundert nenne allein/ darnach die
ander vnd erste mit eynander alls.

7 6 9 8 6 5

Setz auff die vierden alls 9 ein puncktlein/ zell
wie gesagt/ sprich auß wirdt sieben/ hundert
tausent neunvndsechtzigtausent acht hundert
vnd funff vnd sechtzig.

¶ Auch merck in dem schreyben so dyr außge-
laßen wirdt das hundert. tausent. zehen. eins.
Das ist die erste/ ander/ dritte/ vierde/ figur das

A iij

dn an die selbige stat eynn o setzest wie hye zu schreyben sechßtausent vn̄ vierundzweintzigk setz 6024 wirdt das hundert außgelassen.

1	21	123	1234
2	23	234	2345
3	43	345	3456
4	54	459	4567
5	65	567	5678
6	76	678	6789
7	89	789	7860
8	97	890	8900
9	85	900	9000
eyns	eyns zigk	eyns zigk hundert	eyns zigk hundert tausent

75896
Lingk 436475 Recht
9800632
1230501

Von der linihen.

¶ Nun soltu wissen das die underste linihenn bedeut eyns/ Die ander ob yr zehen/ Die dritte hundert/ Vnd die vierde tausent/ Also hynfurt die nehest darůber alweg zehen mal mehr dan die nehest darunder/ Vn̄ ein ytzliches spacium das ist zwischen zweyen linihen gilt halb souil sam die linihen darůber/ sam die ander linihen gylt zehenn/ so bedeut das spacium darunder funff/ wie volgende figur hie thut außweisen.

500000	Funff hūdert tausent
100000	Hundert tausent
50000	Funfftzig tausent
10000	Zehen tausent
5000	Funff tausent
1000	✕ Tausent
500	Funff hundert
100	Hundert
50	Funfftzigk
10	Zehen
5	Funff
1	Eyns
$\frac{1}{z}$	Eyn halbs

Addirn/odder sommiern.

¶ Nun wil ich dich lern addirn/ das heyst zu samen geben/ oder sommiern/ Vnnd ist nichts anders dan viell vnd mancherley außgegeben gelt in eine so*m*a zu brengen/ sollt mercken das du die selbigen außgegeben somma oder einge-nomen fur dich schreybest/ Darnach auff die linihen legest floren allein/ groschen/ pfenning auch allein/ zwischen ytzlicher muntz ein vn-derscheyd mit einer linihen machest/ Alls dan mach pfe*n*nig zu groschen/ heb auff mit 12/ leg zu den groschen/ Vnnd mach die groschen zu floren/ heb auff mit 21. nach art eynes ytzliche*n*

¶ Du solt auch mercken so yrgents (landes. funff pfenning auff eyner linihen ligen das du vier auff hebest v*n* den funfften in das nehest spacium daruber legest.

¶ So aber zwenn pfenning inn eynem spacio ligenn/ so heb sie auff vnnd lege eynen auff die neheste linihenn darůber alls volgennde zwey exempell thun außweysen.

¶ Item eyner hat außgeben das nachgeschri-ben gellt/ wie hye verzeychent.

24		17		5	
35		18		4	
47	floren	13	groschen	7	pfenning
58		16		8	

¶ Vnd woltest wissen wieuil es in eyner so͞ma macht/ so lege ein ytzliche muntz in sein eygen feld/ werden 164 floren/ 64 groschen 24 pfen- ning/ hebe pfennig auff mit 12 werden 2 gro- schen/ lege zu den groschen/ die hebe auff mit 21 werden 3 flo. bleyben 3 groschen ligen/ Vn̄ lege die 3 floren die auß den groschen wordenn sein zu den floren als 164 So macht es in einer somma 167 floren vnd 3 groschen.

¶ Item eyner hat entpfangen vonn etzlichen das nachuolgend gellt.

124	10	7
2356	17	5
5689 floren	19 groschen	6 pfenning
7865	11	8

Wiltu wissen wieuiel es macht/ so leg ein zall nach der anndern/ yede muntz in sonderheyt/ als dan mach pfennig zu groschen/ vnd gro- schenn zu floren/ werdenn 16036 floren/ 17 groschen vnd 2 pfenning.

Proba.

Wiltu nun probirn ob du recht sommirt hast odder nicht/ so nym ein somma nach der an-

dern/ vonn der hauptsom wie du sie auff ge=
legt hast/ So dann nichts vberbleybet vnnd
gleych auffgehet/ so hastu es recht gemacht.

Subtrahirn.

Nun will ich dich lern subtrahirn/ das heyst
abeziehen ein zall vonn der andernn/ auff das
man sehen mag wieuiel vberig bleybet/vnd solt
wissenn/ das du auff legest die zall/ daruon du
nemen willt/ vnd die du abnemen wilt im syn
behaltest/ odder fur dich schreybest vmb mehr
sicherheyt willen/ Alls dan hebe auff was du
hynweck nemen solst Magstu nicht nemen so
verwechsel der obern rechenpfenig einen herab
Lege einen pfennig in das spacium darunder/
vnd funff pfennig auff die neheste linihen vn=
der dem spacio/ als dan hebe auff/ Auch soltu
mercken so dir vorkommet abzuzyhen groschen
vnd pfennig/ so die nicht vorhanden werden
das du ein floren auff hebest/ vnd darfur 21.
groschen nyder legest/ zu gleych mit den pfen=
nigen/ Magstu nicht/ so heb auff ein groschē
vnnd lege nydder 12 pfennig/ alls dann nym
hynwegk was abzunemen ist/ Wie volgendt
exempell außweyßt

¶ Item eyner ist dem anndern schuldig 396 floren 8 groschen 7 pfeñing/ hat daran geben 279 floren 16 groschen vnd 9 pfennig/ Wieuiel ist er nach schuldig/ Machs also lege auff die linihenn die somma daruon du nemen wilt als 396 floren 8 groschenn 7 pfennig/ Nym daruon das gegeben gellt/ alls 279 floren 16 groschen 9 pfennig/ wie oben gesagt/ so bleyben ligen 116 floren 12 groschen vnd 10 pfennig/ so viel ist er noch schuldig.

Proba.

¶ Wiltu probiern ob du recht gemacht hast/ so lege die abgezogene zall zu der vberpleybenden/ komet dan die erste auffgelegte zall wider/ so hastu es recht gemacht.

Dupliren.

¶ Allhye will ich dich lern dupliern/ das heyst zweyfeltigen/ vnnd ist nicht anders dan eyne zal mit zweyen multiplicirn wie volgen wirdt Thu ym also/ leg auff die zall die du zweyfeltigen wilt/ schreib z fur dich/ hebe zu oberst an leyt 1 pfeñig in dem spacio/ so greyff mit dem finger der lingken hand auff die neheste linihen darüber/sprich halb z macht 1 lege da du den finger hast/ hebe den pfenning in dem spacio auff vnnd greyff herab do pfennig ligen/ duplier aber/ Vnd wisse auff welcher linihen du den finger hast/das die selbige nicht mehr dan eyns bedeut/ das spacium darūder ein halbes das spacium ob dem finger funff/ die neheste linihen ob dem finger zehen/Also hynfurt sam es die vndersten linihenn wehrn/ Aber so der finger wirdt hynwegk gethann/ so bedeut sie wie vor/ Also duplir stets vonn der oberstenn linihen herab/byß auff die vnderste/ sam volgende exempell thun außweyssen.

	8675		17350
Zwyrnt	6937	macht	13874
	4879		9758

Lege auff 8675 schreyb z fur dich/ hebe zu oberst an/greiff auff die funfftē linihen/sprich/ halb z macht 1 / lege 1 nydder/ hebe auff denn pfennig inn dem spacio/ greyffe herab so findestu 3 pfennig auff dem tausent ligen/ sprich/ 3 mal z seind 6/ lege 6 nider/ hebe auff 3/ pleib styl halten mit dem finger/ dan 1 pfennig leyt in dem spacio/sprich aber/halb z macht 1/leg nyder/ hebe auff den pfennig im spacio/greiff herab auffs hundert/ leyt 1 pfenning/ sprich/ 1 mal z macht z/ leg nyder/hebe auff 1/ pleyb halten/ sprich aber/ halb z macht 1/ lege/ heb auff greyff herab auff die andere/ ligē z sprich z mal z macht 4 lege nyder/ hebe auff z pleib styl haltē/ sprich/ halb z macht 1/ lege 1 nider heb auff den pfeñig im spacio/ so hastu 17350 also der gleychen.

Proba.

¶ Halbir die zal die da komen ist/ so komet die vorige wider/ die du außgelegt/ so du es recht gemacht hast.

Medirn.

In volgēden worten wil ich dich leren medirn das heyßt halb machen/ vnd ist nicht anders dan 1 zall in zwey gleyche teyl spalten/ Die zall saltu aufflegen/ welche du halb machen willt zu vnderst anheben das spacium vber einer linihen mit der linihen darūder zusamen nemen zu gleych medirn/ den halben teyl nyderlegen/ darnach greyff auff die anndere linihen hynauff/ medir aber das spacium vnd die linihen mit eynander/ Also hynfürt vber sich zugreyffen/ so lang byß keyn pfennig auff der linihen mehr zu halbirn vorhanden/ was dan komet von der zall die du nydder gelegt/ souiel macht es/ Als volgendt exempell außweyssen.

	8674		4337
Halb	937z	macht	4686
	6378		3189

Thu yhm also/ leg auff 8674 greyff auff die vnderste linihen da 4 pfeñig ligen/ sprich/ halb 4 macht z/ heb auff z/ laß z lygen/ Darnach greyff auff die andre linihen/ nym das spaciũ vnd die linihen zusamen als 7/ sprich/ halb 7 macht 3 vnd ein halbes/ heb 7 auff/ vnd lege vierhalbs nyder/ Darnach greiff hinauff auff die dritte liniẽ/ heb auff 6 sprich halb 6 macht 3 lege nyder/ vnd greyff auff die vierde linihen da 8 lygen/ sprich/ halb 8 macht 4/ lege nider wirt 4337 wie oben angezeygt/ Also dẽ gleichẽ

Proba.

Zweyfeltig die zall/ die do komen ist/ So dan die auffgelegte zal wider komet/ so ist es recht gemacht.

Multiplicirn.

Alhye wil ich dich lern vnnd gruntlich vnder/richten multiplicirn/ das ist vielfeltigen/ darzu mustu zwu zaln habenn/ eyne die multiplicirt/ die annder welche multiplicirt wirdt/ alls z4 mal 36 Vnder den selbigen zweyen soltu auff

¶ Das eyn mall eyns.

1		1		1
1		2		2
1		3		3
1		4		4
1	mal	5	ist	5
1		6		6
1		7		7
1		8		8
1		9		9
2		2		4
2		3		6
2		4		8
2		5		10
2	mal	6	ist	12
2		7		14
2		8		16
2		9		18
3		3		9
3		4		12
3	mal	5	ist	15
3		6		18
3		7		21
3		8		24
3		9		27
4		4		16
4		5		20
4	mal	6	ist	24
4		7		28
4		8		32
4		9		36
5		5		25
5		6		30
5	mal	7	ist	35
5		8		40
5		9		45
6		6		36
6	mal	7	ist	42
6		8		48
6		9		54
7		7		49
7	mal	8	ist	56
7		9		63
8		8		64
8	mal	9	ist	72
9		9		81

legen welche du wilt/die ander fur dich schreyben/ vnnd dardurch multiplicirn zu oberst anheben/ Wiltu mit eyner figur multiplicirn/ so greyff auff die linigen da die pfenig ligen/ lege die figur fur dich geschriebenn/ ist so offt sam pfennig auff der linihen ligen/ alls dan heb sie auff vn̄ greyff herab baß da pfenig ligen/ leyt aber 1 pfenig in dem spacio/ so greyff auff die neheste linihen daruber/ vn̄ lege die figur halb dardurch du multiplicirst/ als dan greyff herab baß/ thu wie gesagt/ so lang byß kein pfennig zu multiplicirn mehr vorhanden/Als volgend exempel durch eyne figur thū außweysen

		2		13578
		3		20367
		4		27156
6789	mall	5	macht	33945
		6		40734
		7		47523
		8		54312
		9		61101

Thu yhm also/ lege auff 6789 schreyb eyne figur fur dich welche du wilt als 6/greiff auff die funffte linihen vber das halb/sprich/halb 6 macht 3 / lege auff 3 / Nym hynwegk das halb/ greyff herab auff die vierde linihen do 1

pfeñig leyt/ sprich/ 1 mal 6 macht 6/ lege nider
hebe auff den pfennig auff der linihenn/ bleyb
styl greyffen dan 1 pfennig leyt in dem spacio
sprich/ halb 6 macht 3/ lege nider 3/ hebe auff
das halb/ greyffe herab auff das hundert do
ligen 2 pfeñig/ sprich/ 2 mal 6 ist 12/ lege nider
12/ hebe auff die 2/ bleib stil haltē/ sprich/ halb
6 ist 3/ lege/ hebe auff das halb/ greyff herab
auff die andere linihen/ do vindestu 3 pfennig
ligen/ sprich/ 3 mal 6 ist 18/ lege 18 nider/ hebe
auff die 3/ bleib aber eyns styl halten mit dem
finger/ von wegen des halben/ sprich/ halb 6
ist 3/ lege nider/ hebe auff das halb/ vñ greyff
herab auff die underste linihen do 4 pfeñig li-
gen/ sprich/ 4 mal 6 macht 24/ lege nider 24/
vñ hebe auff die 4 pfennig/ so komen 40734/
also der gleychenn/ Wyltu aber eyne zall mit
zweyen figurn multiplicirn/ so lege eyne auff/
die annder schreyb fur dich/ hebe zu oberst an/
greyff vber die anndere linihen ob den pfenni-
gen/ Als 36 mal 24 lege auff 36 schreib 24 fur
dich/ greyff mit dem finger auff die andere li-
nihen ob den pfennig/ das ist auffs hundert/
alda lege die meynste figur der fur geschrieben
zal/ als offt sam pfeñig auff der linihen ligen/

ſprich 3 mal 2 ſeindt 6 lege nyder 6 greyff mit dem finger herab do die pfennig ligen/ſprich/ 3 mal 4 ſeindt 12 lege nyder 12 vnd hebe auff die 3 pfennig/ So aber 1 pfennig in dem ſpacio leyt ſo heb an der neheſten linihen darüber an zurechen hynauff zu zeln/ eins/ zwey/ lege auff der oberſten die erſte figur/ das iſt die meynſte halb/ ſprich/ halb 2 macht 1 lege 1 greyff herab/ ſprich halb 4 macht 2 lege nyder 2 hebe auff das halb/ bleybet noch 1 pfennig zu multiplicirn/ greyff auff die annder linihen/ alda lege eynn mall 2 iſt 2 Darnach greyff herab vnnd lege eyn mall 4 hebe auff 1 Wirdt 864 Alſo der gleychen.

	12		95472
	36		286416
7956 mal	50	macht	397800
	72		572832
	84		668304
	96		763776

¶ Gleych formig ſoltu auch multiplicirn durch drey figurenn/ ſchreyb die zall fur dich/ greyff auff die dritte linihenn darüber/ vnnd multiplicir von oben herab.

	123		859401
	234		1634958
6987 mal	345	ist	2410515
	456		3186072
	567		3961629

¶ Lege auff 69 8 7 multiplicir durch welche zal du wilt/so hastu darbey wie viel es macht

Volgen exempel wie man das multiplicirn gebrauchen soll.

Item eyner verschneyt 1 tuch helt 36 elln vnd gybt eyn eln fur 8 groschen/wie viel macht es/ thu ym also/ lege auff so viel eyn tuch elln hat als 36 schreyb fur dich was eyn elln kost/ alls 8 groschen/dardurch multiplicir vnnd mach die groschen zu floren/ komen 13 floren/ vnnd 15 groschen. Item eyner verkaufft 1 tuch hellt 39 elln/ gybt eynn elln fur 7 groschenn 9 pfennig/ machs also/ lege auff 39 elln schreyb fur dich 7 groschen 9 pfennig dardurch mul-tiplicir/ lege die groschen allein/ vnnd pfennig auch allein/ mach pfennig zu groschen/ vnnd groschen zu floren/ werdenn 14 floren/ 8 gro-schen / vnd 3 pfennig.

Item eyner kaufft 1 centner wachs/ vnd gybt 1 pff: fur 3 groschen 7 pfennig/wie viel macht

es/ thu ym also/ lege auff 1 centner/ das seindt
112 pfundt/ schreyb fur dich was eyn pfundt
kost/ als 3 groschen/ 7 pfeñig/ dardurch mul
tiplicir/ Mach pfeñig zu groschen/ vnd gro-
schen zu floren/ komen 19 floren/ 2 groschen/
vnd 4 pfennig.
Item ein eymer weynß helt 18 stubichen/ vnd
1 stubichen hellt 4 vierteyl/ kost eyn vierteyl 8
pfeñig/ wie viell macht es/ thu yhm also/ lege
auff 1 eymer/das seind 18 stubichen/multipli-
cir mit 4/wird 72/ so viel viertel hat 1 eymer/
die multiplicir mit 8 pfennig/ so viell 1 kandell
gylt/ werden eyttel pfennig/ die mach zu gro-
schen/ Darnach groschen zu floren/ komen 2
floren/ 6 groschen.
Item eyner kaufft 1 Erfordisch malder korns
gybt fur 1 schöffel 2 groschen/ 5 pfennig/ wie
viell machts/ thu ym also/ lege auff 1 malder/
das seindt 16 schöffel/ schreyb 2 groschenn/ 5
pfenning fur dich/ damit multiplicir/ Mach
pfennig zu groschen/ vnd groschen zu floren/
facit 1 floren/ 17 groschen/ vnnd 8 pfennig.
Item eyner kaufft 3 centner/ 3 steyn/ 17 pfunt
vnnd gybt fur 1 pfunt 6 groschen/ 7 pfennig
1 heller/ wie viell macht es/ thu yhm also/ lege

auff 3 centner/ 2 steyn/ 17 pfunt/ schreyb 112 pfunt fur dich / multiplicir die 3 centner dardurch/ leg zu den pfunden/ darnach multiplicir die steyn mit 21 pfunt/ leg auch zu den pfunden/ werden 395 pfunt/ die multiplicir mit 6 groschenn 7 pfennig 1 heller/ mach heller zcu pfennig/ pfennig zu groschen/ vnnd groschen zu floren/ so komen 124 floren/ 12 groschen/ 10 pfennig/ 1 heller.

Item eyner kaufft 78 Eymer 27 viertel vnd gybt fur 1 virtel 9 pfennig/ Machs also/ lege auff 78 eymer/ darneben 27 virtel/ mach die eymer zu virtel multiplicir mit 72 lege zu denn virteln komen 5643 virtel die multiplicir mit 9 pfennig/ mach pfeñig zu groschen/ darnach groschenn zu floren/ facit 201 floren/ 11 groschen/ vnnd 3 pfennig.

Item eyner kaufft 17 malder/ vnd 9 schöffell getreydt gybt fur 1 schöffel 3 groschen 4 pfennig/ 1 heller/ wie viel macht das/ thu ym also lege auff 17 malder 9 schöffel schreyb fur dich/ so viel 1 malder schöffel hat/ als 16 dardurch multiplicir/ lege zcu 9 schöffeln/ komenn 281 schöffel/ die multiplicir mit 3 groschen 4 pfennig 1 heller/ mach heller zu pfennig/ pfennig zu groschen/ vnd groschen zu floren/ komen 45 floren/ 3 groschen/ 4 pfennig/ vnd 1 heller. Item eyner hat 13 arbeyter 17 tag/ vnd gybt eynem des tages 15 pfeñig/ wie viell macht es Thu ym also/ setze wie hye. 13. 17. 15. lege auff 13 arbeyter/ multiplicir mit 17 tag/ werdenn 221/ Die multiplicir fort mit 15 pfennig/ mach pfennig zu groschen/ vnnd groschen zu floren/ komen 13 florenn/ 3 groschen/ vnnd 3 pfennig. Item eyner hat 5 wochen 9 arbeyter/ vnd gybt eynem des tages 14 pfennig/ wie viel macht es/ thu ym also/ lege auff 5 wochen/ mach darauß tag/ multiplicir mit 7 werden 35/ die multiplicir mit 9 arbeyttern werden 315/ multiplicir mit 14 pfennig/ mach pfennig zu groschen/ darnach groschen zu floren/ facit 17 floren/ 10 groschenn/ 6 pfennig.

Proba.

Wyltu probirn ob du recht multiplicirt hast/ oder nicht/ so diuidir die zalle die da komen ist/ mit der damit du multiplicirt hast/ komet dan die auffgelegte zall widder/ so hastu es recht gemacht.

Diuidirn.

Nuhn wil ich dich lernen diuidirn/ das heyst teyln eyn zal in die andere/ auff das man sehen vñ haben mag/ wie viel auff eynen teyl komet vnnd solt wissen/ das zum diuidirn zwu zalln gehörn/ eyne die geteylt wirdt/ vnd die ander darein man teylt/ oben soll man anheben/ die man teyln wil sol man auflegen/ die ander fur sich schreyben/ odder im syn behalten/ darein man teyln will/ So offt du den teyler/ das ist die vorgeschriebenn zall nemen magst/ so offt nym/ vnd lege so viel pfeñig sam du genomen hast nyder da der finger ist/ Magstu aber den teyler nicht gantz nemen/ sonder halb/ so nym yn/ vnnd lege 1 pfennig in das spacium/ vnder dem finger wie hye.

	13578		2	
	20367		3	
	27156		4	
Teyl	33945	Jn	5	facit 6786
	40734		6	
	47523		7	
	54312		8	
	61101		9	

Thu yhm also/ lege auff die zall/ die du teylln wilt/ alls 13578 schreyb fur dich die zall dar/

eyn du teylen wilt/als z greyff mit dem finger auff die funffte linihenn leyt 1 pfennig/ magst den teyler gantz nicht auff heben/sonder halb sprich/ halb z macht 1 hebe auff 1 vnd lege 1 pfennig in das spaciū vnder dem finger greyff herab so hastu auffm tausent 3 pfennig/ nym z eynn mal leg nyder 1 pfennig/ darnach nym z halb / vnnd lege 1 pfennig inn das spacium darunder/ alls dann greyff herab / so hastu 5 daruon magstu den teyler z mal nemen/sprich z mall z macht 4 Nym 4 von 5 pleybt 1 lege nyder z zu dem halben das du vorgelegt hast/ pleyb styll greyffen/ nym aber halb z das ist 1 lege eynn halbes/ greyffe herab da magstu 3 mal nemen/sprich/3 mal z seindt 6 nym 6 von 7 pleybt 1 lege nydder 3 nym aber halb z lege nyder greyff herab vnd nym den teyler 4 mal/ so hastu 6 7 8 9.

¶ Wyltu aber eyne zall in zwu figurn diuidirn als 8 6 4 in z4 So lege auff 8 6 4 schreyb z4 fur dich/merck als offt du die meynste nymest so offt soltu absteygent auch die ander nemen/ Nym es alhy 3 mal/ sprich 3 mal z ist 6 hebe auff 6 greyffe herab/ sprich/ 3 mal 4 seind 1 z hebe auff 1 z vnnd lege 3 nyder/greyff widder hynauff/ nym halb/ sprich/ halb z ist 1 nym hynwegk/ greyff herab/sprich/halb 4 macht z hebe auff lege ein halbs nyder/pleyb auff der andern linihen greyffende/ sprich 1 mal z hebe auff/ greyff herab/ nym eyn mall 4 ist 4 lege 1 nyder/ wirdt 36 recht gemacht.

	95472		12	
	286416		36	
Teyl	397800	In	50	wirt 7956
	572832		72	
	668304		84	
	763776		96	

¶ Gleycherweyß soltu auch teyln mitt dreyen figurn so dyr eyn zall vorkomet/ nym ein figur so offt sam die andere/ So du sie all genomen hast/ so lege nyder.

	859401		123	
Teyll	1934658	In	234	facit 6987
	2410515		345	

wa zcu mann das dividirn gebrauchen soll.

Item eyner kaufft 1 tuch fur 17 floren/ 9 groschen/ wie theur komet yn die eln an/ Machs also/ leg auff was das tuch kost/ als 17 floren

B v

9 groschenn/ schreyb fur dich wie viell 1 tuch eln hat/ als 36 damit diuidir/ Nu magstu 36 nicht nemen noch auff heben von 17 floren/ 9 groschen/ Mach der halben die floren zu gro-schen/ werden 366 groschen/ teyl ab/ komen 10 groschen/ bleyben 6 groschen/ die mach zu pfeñig/ werdē 72 teyl auch ab/ komen 2 pfen-nig/ also komet 1 eln fur 10 groschen 2 pfennig

Jtem eyner kaufft 1 centner wachs fur 17 flo: 11 groschen/ 8 pfeñig/ wie theur komet 1 pfunt Machs also/ lege auff was der centner kost/ als 17 floren/ 11 groschen/ 8 pfennig/ schreyb fur dich die pfunt des centnerß/ als 112/ Dar-mit diuidir/ magst in floren nicht nemen/ vor-wechssel zu groschen/ teyl ab/ komen 3 groschē die vberigen mach zu pfeñig/ teyl ab/ werden 3 pfennig bleyben 56 mach heller werden 112 teyl ab/ wirdt 1 heller/ komet also 1 pfunt fur 3 groschen/ 3 pfennig 1 heller.

Teyler auff zu heben.

Bleybet dyr was vberig/ vnd magst solches nicht kleyner vorwechsseln/ so lege denn teyler darneben/ seyndt beyde zaln geradt/ so mach eyne nach der anndern halb/ von vnden hynauff/ sam ich dich im medirn gelernt hab/ So lanng vntz eyne vnder denn zweyen vngeradt ader alle beyd werden/ alßdann schreib solche zwu zaln fur dich/ das vberbleybenn ist oben/ Vnnd das ander vnden/ Darnach such eyne zall in der beyde zaln zu gleych auffgehabenn mögen werden/ Also nym die kleyner von der grösten als offt du magst/ das bleybend/ nym von der kleynen auch so offt du magst durch ab teylen/ also hynfurt/ so lang byß eyne zall gantz hynwegk geht/ Was dan von der andern bleybet lygen/ dardurch soltu beyde zalln auff heben/ so komen sie in die kleynsten zalln Bleybt aber 1 ligen/ so gehn sie durch keyn zal auff/ sonder sie bleyben wie volgende exempel erzeygen.

Item eyner kaufft 1 eymer weynß fur 2 floren 7 groschen/ wie komet 1 viertell/ machs also/ lege auff 2 floren 7 groschen/ schreib fur dich so viel 1 eymer viertel hat/ als 72 mach floren zu groschen/ magst nicht abteyln/ mach pfennig/ teyle ab/ komenn 8 pfennig/ bleybenn 12 pfennig/ mach heller/ werden 24/ kanst nicht ab teyln/ komet 0 heller/ lege 72 darneben/ hebe auff in halb/ so lang du magst/ wirdt also auff eynen teyl 3 auffm anndern 9 ſchreyb fur dich/ neben auß alſo $\frac{3}{9}$ Nym das kleyniſt vō grōſtenn gehet gleych auff bleybenn 3 lygenn/ Nun lege beyde zaln nyder/ hebe auff durch 3 wirt $\frac{1}{3}$ Alſo kommet 1 virtel fur 8 pfenning 0 heller/ vnd $\frac{1}{3}$ teyle.

Item 9 geſellen haben zu teyln 576 floren/ 8 groſchen/ wie viel geburdt ydem/ machs alſo leg auff 576 floren/ 8 groſchen/ das gelt wel‑ches ſie zu teyln haben/ ſchreyb 9 fur dich/ dar durch heb es auff/ ſo komet eynem geſellen 64 florenn/ 0 groſchenn/ 10 pfennig/ vnnd heller $\frac{1}{3}$ teyll eyns hellers.

Item 1 centner Rōt fur 6 floren/ 1 ort/ wie ko‑met 1 pfundt/ thu ym alſo/ leg auff 6 floren/ 1 ort/ das ſeindt 5 groſchen/ 3 pfennig/ Mach floren zu groſchen/ teyle ab mit 112 ſo komet 1 groſch/ 2 pfennig/ 0 heller/ vnd $\frac{1}{8}$ teyl.

Item eyn mutter mit funff kynnern haben zu teyln 3789 florenn/ 7 groschenn/ die mutter nymet den dritteyl/ wie viel geburdt ytzlichem kyndt/ vnd auch der mutter/ machs also/ lege auff 3789 floren/ 7 groschen/ teyll ab mit 3 komen 1263 floren/ 2 groschen/ 4 pfennig/ so viel geburdt der mutter/ schreyb fur dich/ nym hynwegk vonn der gantzen somma das sie zu teyln haben/ bleybet 2526 floren/ 4 groschen vnd 8 pfennig/ das teyl in die zall der kynder/ als 5 wirdt eynem 505 floren/ 5 groschenn 1 pfennig/ 1 heller/ vnnd eynn funffteyll. so viell geburdt/ ytzlichem kyndt zu seynem teyll.

Item eyner kaufft 1 pfunt saffran fur 3 floren 9 groschen/ wie komet 1 lot/ Machs also/ lege auff 3 floren/ 9 groschen/ mach floren zu groschen/ teyl ab mit 32 dann 1 pfunt hat 32 lot/ komen 2 groschen/ vnd 3 pfennig.

Item eyner kaufft eyn tonno Hering/ hellt 12 schock/ kost 7 floren/ vnd 3 groschen/ wie komet 1 hering/ machs also/ lege auff 12 schock multiplicir mit 60/ werdẽ 720 hering/ schreyb fur dich ist deyn teyler/ Nun lege auff 7 floren 3 groschen/ mach floren zu groschenn/ vnnd groschenn zu pfenning/ diuidir ab/ komenn 2 pfennig/ vnd 1 heller/ so theur 1 hering.

Proba.

Wiltu nun probirn ob du recht diuidirt hast oder nicht/ so multiplicir die zall die do komen ist mit der/ do mitt du diuidirt hast in ytzliche besonder floren/groschen/pfennig/heller/vnd teyl/ mach die teyl zu heller/ heller zu pfennig/ pfennig zu groschen/ vnd groschen zu floren/ So komet dye auffgelegte zall wider/ so du es recht gemacht hast/ wo nicht/ so ist es falsch gerechent.

Progressio.

Alhye wyll ich dich lernenn in eyne somma zu brengen/ zaln die nach eynander gehenn in naturlicher ordenunge/ oder gleychenn mitteln/ Thu yhm also/ leg die erste vnnd letzste zall zu samenn/ was darauß komet/ ist es gerade/ so medir vnnd multiplicir durch die zall der stet/ so hastu die somma/komet aber ein vngleyche zall auß den zusamen legen/so medir die zal der stett/ vnd multiplicir dardurch/ als volgende exempell außweysen.

Item 7.8.9.10.11.12.13.14.15.16.17.18.19. 20.21.22.23.24.25. Wye viell macht es in eyner somma/ thu ym also/ lege 7 vnd 25 zu

ſamen/wirdt 32 die medir/wirdt 16 vnd mul-
tiplicir durch die zall der ſtett / als 19 werdenn
304 So viel machenn gemelte zalln in eyner
ſomma.
Item 3.6.9.12.15.18.21.24.27.30.33.36.
39.42.45.48. Addir 3 zu 48 wirdt 51 ſeindt
vngeradt/zell die ſtett 1.2.3. rc. wirt 16 die me-
dir/ werden 8 multiplicir mit 51 werden 408
ſo viel macht es/ vnnd iſt recht gerechnet/So
aber eyne zall die annder vbertryt zweyfeltigk/
dreyfeltigk/ vierfeltig rc. So multiplicir die
letzte zal mit/ ſo vil wie dan die zaln eynander
vbertretten/ vonn ſolichem nym die erſte zall/
das bleybent diuidir ab mit ſo viel/wie ſie eyn
ander vbertretten weniger 1 Als hye.

Item 2.4.8.16.32.64.128.256. duplir 256
wirt 512 nym hynwegk 2 bleyben 510 teyll
ab mitt 2 weniger 1 alls 1 bleybet 510 ſo viell
macht es.
Item 1.3.9.27.81.243.729.2187. rc. Alhye
vberdzytt eyn zall die ander dreyfeltig/ multi-
plicir die letzſte zall/ als 2187 mit 3 wirt 6561
Nym ab die erſte alls 1 bleyben 6560 teyll ab
mit 3 weniger 1 alls mit 2 wirdt 3280 ſo viel

macht es in eyner somma/ Also der gleychen.
Zu suchen die wurtzell des Quadraten/ vnnd auch des Cubics/ will ich hye vnderwegenn lassen/ sonder mit der zeyt/ so ich setzen werdt võ den Regeln Algebre/ wil ich die selbigen mit anhangenden exempeln auff das gruntlichest erleutthern.

Detri.

Regula detri/ ist eyn Regel von dreyen dingen Setze hynden das du wissen wilt/ das ym am namenn gleych ist fornn/ vnnd das eynander dingk bedeut mittenn/ Als dann lege auff das hynderst/ multiplicir mitt dem mittelln was komet teyl ab mit dem fordern/ So wirdt komenn das facit/ vnnd am namen gleych dem mittelln.

Item eyner kaufft 32 elln tuchs für 28 floren wie komen 6 elln/ facit 5 floren/ 5 groschenn/ 3 pfennig/ setz also.

32 28 6

Lege auff 6 ellnn/ multiplicir mit 28 florenn/ komenn 168/ teyll ab mitt 32/ komen 5 floren/ bleyben 8/ mach groschen/ teyll ab/ werden 5 groschen/ bleyben auch 8/ mach pfeñig/ teyl ab/ komen 3 pfennig.

Jtem 36 pfunt vmb 8 floren/9 gröschen/ wie komen 8 pfunt/facit 1 flo: 18 gro: 4 pfe: setz.

36 8.9 8

Mach in der mit floren zu groschen/ stet wie volget/ leg auff das hynderst/ multiplicir mit dem mitteln teyl ab/werdē gros: mach flo: Die vberigen gros: mach zu pfen: teyll auch ab.

36 177 groschen. 8

Jtem 45 elln tuchs fur 13 flo/ 17 grosch/ wie komen 7 elln/ facit 2 flo: 3 gro: 1 pfe: 0 heller/ $\frac{2}{3}$ teyll.

45 13. 17 7

Mach in der mit floren zu groschen/ stett also

45 290 7

Von gebrochen.

Jtem 1 centner Wachß fur 17 floren/ 2 vnd eyn halb ort/ wie komen 17 pfunt/ facit 2 flo: 15 groschen/ 2 pfennig/ 0 heller/ 91 in 110 teyl

110 $17\frac{5}{8}$ 17

Fur den centner schreyb forn 110 pfunt/fur die drythalben ort $\frac{5}{8}$ mitten/als dan brichs also/

C

lege auff 110 forn/multiplicir mit dem mitteln bruch/ alls 8 wirdt 880 setze fornn/Darnach brichs mitten in sich also leg auff 17 darneben 5 multiplicir die 17 mit 8 lege zu den 5 wirt 141 setz mitten vnnd stett also.

880 141 17

Proba.

Wiltu probirn ob du recht gemacht hast oder nicht/ so vorker die regel/ das hynden gestanden ist/ setz forn/ das facit mittenn/ vnnd das forn gestanden ist/ setze hynden/ machs nach der regel ytzt vormellt/ So komet das mitten gestanden ist wider.

Item 6 eln vmb 5 floren 5 groschen 3 pfennig wie komen 32 elln/ facit 28 floren/ Setz also.

6 5.5.3 32

Mach in der mit flo: zu grosː grosˀ zu pfe: stet

6 1323 32

Lege auff 32 multiplicir mit 1323 diuidir ab/ komen pfennig/ mach grosch vñ gros: zu flo:

Iten 8 pfunt fur 1 flo: 18 gros: 4 pfe: wie komen 36 pfunt/ facit 8 floren/ vnd 6 gros: setz

8 1.18.4 36

Mach in der mit eytel pfe: stet 8 472 36

Jtem 7 eln fur 2 flo/ 3 grosch: 1 pfe: 0 hel. $\frac{2}{3}$ wie komen 45 elln/ facit 13 floren/ 17 groschen

7 2.3.1.0 $\frac{2}{3}$ 45

Gehe mitt dem bruch herfur/ leg auff 7 multiplicir mit 3 wirt 21 setz forn/ darnach mach in der mit eytel heller/ werden 1082 die brich mit 3 multiplicir/ leg dar zu 2 wirdt 3248 setz mitten stet also. 21 3248 45

Multiplicir/diuidir/werdē eytel heller darauß mach pfe/ pfe: zu groschen/vnd gro: zu floren

Jtē 17 pfunt wachs fur 2 flo: 15 gro: 2 pfen. 0 heller $\frac{91}{110}$ teyl/wie 1 cen: facit 17 floren 13 gro: 1 pfe: vnd 1 hel. 17 2.15.2.0 $\frac{91}{110}$ 110

Machs nach dem ytzt gesatzten exempel stet.

1870 151011 110

Jtem 1 pfunt fur 7 pfen: wie komet 1 centner facit 3 floren/ 1 groschen/ vnd 2 pfennig/ setz.

1 7 110

Fur den centner schreyb hyndenn 110 pfunde multiplicir/ mach pfennig zu groschen/ vnnd groschen zu florē/ dorffest nicht abteylen noch auff heben/ wen eynß forn stett. C iij

Item 1 pfundt fur 19 pfennig/ wie 1 centner/ facit 8 floren/ 6 grosch: vñ 2 pfen: Setz also

1 19 110

Item 1 pfundt fur 3 groschen/ 2 pfennig/ wie komet 1 centner/ facit 16 floren/ 12 groschen/ vnd 4 pfennig. 1 3.2 110

Mach in der mitt groschen zu pfennig steht.

1 38 110

Item 1 pfundt fur 3 groschen/ 9 pfennig/ wie 3 centner/ 2 steyn/ vñ 7 pfunt/ facit 68 floren 0 groschen 9 pfennig.

1 3.9 3.2.7

Mach in der mit pfennig/ hyndẽ centner mit 110 zu pfunden/ vnd steyn mit 22/ steht also.

1 47 pfennig 381

Item 1 pfunt fur $3\frac{1}{5}$ groschen/ wie komen 2 cen: 13 pf: fa. 35 flo: 10 gr. 7 pfe: 0 hel: $\frac{2}{5}$ teyl

1 $3\frac{1}{5}$ 2.13

Mach hynden die centner zu pfundt mitt 110 durch multiplicirung/ wie ich dich vormalle gelert/ Darnach brichs mitten/ vnd gehe inß forder/ steht also. 5 16 233

Jtem 1 pfunt fur 3 groschen/9 pfe: $\frac{1}{3}$ wie komet 1 cent: facit 19 flo: 16 gr. 6 pfe. 1 heller $\frac{1}{3}$

1   3.9 $\frac{1}{3}$ 110

Schreyb fur den centner 110 pfunt/ gehe mitt dem bruch herfur/ mach mitten groschen zu pfennig/ brichs vnd stet.   3   136   110

Jtem 1 steyn vnnßlet fur 17 grosz: 9 pfen: wie 1 pfunt/ facit 9 pfen: 1 heller/ vnd 4 eylffteyl.

1   17.9   1

Vor den steyn 22 pfunt/ vnd mitten die grosz. zu pfennig/ steht also.   22   213   1

Jtem 1 cen: wachß fur 16 flo: 1 halb ort/ wie komet 1 pfunt/ facit 3 grosch. 0 pfen. 1 heller.

$\frac{97}{110}$ 110   16 $\frac{1}{8}$ 1

Vor den halbenn ort schreyb mitten $\frac{1}{8}$ teyl darnach brichs/ vnd gehe wie ich vnderweyst steht also.   880   129   1

Jtem 1 centner fur 9 floren/ 1 ort/ wie 1 pfunt facit 1 groschen/ 9 pfennig/ 0 heller/ vnnd 21 funff vnd funfftzigk teyll eynes hellers.

110 $9\frac{1}{4}$ 1

Schreyb vor denn ort mitten $\frac{1}{4}$ Brichs stet

also. 440 37 1

Item 1 steyn fur $\frac{1}{2}$ flo: wie komen 16 pfu: fa:

7 gros: 7 pfen: 1 heller $\frac{3}{11}$ teyll

22 $\frac{1}{2}$ 16

Gehe mit dē bruch herfur/ vñ schreyb dz ober
in der mit ob dē strichlein mitten 44 1 16

Item 1 pfundt fur $2\frac{1}{2}$ ortt/ wie komet 1 lot/
facit 4 pfennig 1 heller vnnd $\frac{27}{32}$ teyl

1 $\frac{5}{8}$ 1 32

Fur das pfundt schreyb 32 lott/ gehe herfur/
brichs mitten steht. 256 5 1
Item 1 steyn fur 12 floren/ 3 ort/ wie komet 1
pfu: facit 12 gro: 2 pfe: 0 heller/ ein eylffteyl.

22 $12\frac{3}{4}$ 1

Fur die 3 ort setz $\frac{3}{4}$ mittenn gehe herfur vnnd brichs in sich/ steht also. 88 51 1

Item 1 virtel weynß fur 16 pfen: wie 1 eymer facit/ 4 flo: 1 gro: 4 pfen: 1 16 64

Item 3 fuder/ 7 eymer 9 virtell weynß/ kost 1 virtell 22 pfen: facit 241 flo: vñ 10 pfennig. Mach fuder mit 12 zu eymern/ eymer mit 64 zu virteln/ steht also. 1 22 2761

Item 1 eymer weyns fur 3 flo: 7 grosch: wie 1 virtel/ fa: 1 gro: 1 pfe: 0 hel: 1 virtel eins hel. 64 3.7 1 mach groschen/ teyl ab.

Item 1 schöffell korns fur 3 gro. 7 pfen. wie 1 malder/ facit 2 floren/ 15 gro: vnd 4 pfen.
1 3.7 16

Item 17 malder/ 9 schöffell/ kost 1 schöffel 6 gro. 5 pfen. facit 85 flo. 18 gro. vnd 1 pfen.
1 6.5 17.9

Mach hyndenn die malder zu schöffelln mit 16/ lege soliches zu 9 schöffelln/ steht. 1
1 77 pfen: 281

Item 1 tuch fur 17 florenn/ wie komet 1 ellen/ facit 9 groschen/ vnd 11 pfennig.
36 17 1

Vor das tuch schreyb forn 36 elln/ darnach leg in der mit auff 17 flo: mach gr. vñ teil ab.

Item 1 tuch fur $9\frac{3}{4}$ flo: wie komenn $3\frac{2}{3}$ elln facit 20 groschen/ 10 pfen: vñ ein halben hel.

36 $9\frac{3}{4}$ $3\frac{2}{3}$

Machs also/ lege auff 36 brichs durch denn mittelstē bruch/ was darauß komet/brich mit dem hyndern bruch setz forn/ darnach brichs mitten vñ hynden in sich/ stet. 432 39 11

Item 1 Parchat fur 2 flo: $2\frac{1}{2}$ ort/ wie komē $5\frac{1}{2}$ ellnn/ facit 13 gro: 9 pfen: 0 heller $\frac{3}{4}$ teyl

22 $2\frac{5}{8}$ $5\frac{1}{2}$

Brichs vnd gehe/ steht. 352 12 11

Item 1 zwilich fur 1 floren $3\frac{1}{2}$ ort/ wie komē $7\frac{1}{4}$ elln/ facit 8 gro: 11 pfen: 0 heller $\frac{13}{128}$ teyll

32 $1\frac{7}{8}$ $7\frac{1}{4}$

Schreyb 32 elln forn/ gehe mit beyden herfur/ brichs/ steht. 1024 15 29

Item 1 setyn fur 6 floren/ 1 halben/ wie 4 elln vñ zwey dritteyl/ facit 1 flo: 5 g3. 6 pfe: 1 hel

24 $6\frac{1}{2}$ $4\frac{2}{3}$

Fur den setyn schreyb 24 elln/ gehe vñ brichs wie angezeygt. 144 13 14

Item eyn harres helt 48 elln/ kost $5\frac{1}{2}$ floren wie komen $11\frac{3}{4}$ elln/ facit 1 floren/ 7 groschen 3 pfennig/ 0 heller/ vnd $\frac{9}{16}$ teyll.

48 $5\frac{1}{2}$ $11\frac{3}{4}$

Brichs vnd gehe. 384 11 47

Item 1 Damaschkt kost 17 flo: drithalben ort wie komen 7 elln/ facit 7 floren/ 10 groschen 0 pfennig/ 0 heller/ vnd 6 eylffteyll.

$16\frac{1}{2}$ $17\frac{5}{8}$ 7

Vor denn Damaschkt schreyb forn/ $16\frac{1}{2}$ elln Brichs forn in sich/ gehe mit dem mitteln das

ein/was komet setz forn/ brichs mitten in sich
vñ gehe mit dem fordern bruch inß hinder stet
z64 141 14
Item 1 centner Zwippelnsamen fur 16 floren/
wie viel pfunt fur 1 floren/ facit 6 pfu. z8 lot
16 110 1
Setz forn/ vnd hynden floren/ mitten pfundt

Item 1 cen: fur 17 flo: z $\frac{1}{z}$ ort/ wieuiel pfunt
komenn fur 3 $\frac{1}{z}$ flo. fa: z1 pfu: z7 lot $\frac{1}{141}$ teyl
17 $\frac{5}{8}$ 110 3 $\frac{1}{z}$

Setz forn/ vnd hynden flo. brichs forn in sich
gehe mit dẽ hyndern darein/setz forn/darnach
brichs hynden/gehe mit dẽ fordern darein/stet
z8z 110 56
Item 1 tuch helt 36 elln/ kost 16 floren $\frac{1}{z}$ ortt
wieuiel elln komen fur 3 flo. 16 gro. fa. 8 eln 1
virtel/ vnd $\frac{179}{301}$ 16 $\frac{1}{8}$ 36 3.16
Mach hynden gro. brichs mit dem fordern/
Brichs forn in sich/ vnd mach groschen/ stet
z709 36 63z

Jtem 1 eymer weyn kost 3 flo: 16 gro: wieviel virtel fur 1 flo: 7 grosch: fa: 22 virtel $\frac{45}{79}$ teyll

3. 16 64 1.7

Nach gro: stet 79 64 28

Jtem 1 cen: wach: fur 13 $\frac{1}{2}$ flo: wie komē 17 pfunt $\frac{2}{3}$ fa: 2 flo: 3 grosch: 6 pfen: 0 hel $\frac{42}{55}$

110 13 $\frac{1}{2}$ 17 $\frac{2}{3}$

Brichs / gehe stehe also. 660 27 53

Jtem 3 tucher 24 elln fur 23 flo: wie komē 7 elln / facit 1 flo: 4 grosch: 7 pfennig / 0 heller / vnd acht eylffteyll. 3. 24 23 7

Machs also / lege auff 3 tucher / darneben 24 elln / mach tucher mit 36 zu elln / werden 132 setz forn / steht also. 132 23 7

Jtem eyner verkaufft 3 tucher / 16 elln / vnnd gybt 14 elln fur 3 floren / facit 26 flo. 12 gro:

14 3 3. 16

Mach hynden die tucher zu elln / wie ytzt gethan / komen 124 die setz / steht also.

14 3 124

Jtem eyner kaufft etzlich stuck Leymat halten

324 ellnn vnnd gybt 16 elln fur eyn florenn/ $1\frac{1}{2}$ ort/ fa: 27 flo: 17 gꝛ 8 pfe: 1 heller $\frac{1}{4}$ teyl

16 $1\frac{3}{8}$ 324

Brichs/ vnnd gehe inß forder/ steht also.

128 11 324

Item eyner kaufft 1 schock hüner/ weniger 9 halb zu 14 pfe. vnd halb zu 15/ facit 2 floren/ 19 grosch: 7 pfen: vnd 1 heller/ Machs also/ leg auff 1 schock/ das ist 60/ nym ab 9/ bleiben 51/ setz hynden/ lege zu samen 14 vnd 15 pfe: wirt 29/ setz mittē/ vñ 2 hüner forn/ stet also.

2 29 pfennig 51

Item 24 wöln vmb 1 pfert schyessen/ kost 13 flo: wieuiel sol eyner legen/ fa: 11 gꝛ. 4 pfe: 1 hl

24 13 1

Item eyn iar gybt man eynem knecht 10 flo: 16 gros: wieuiel geburt ym 17 wochenn/ facit 3 florenn/ 10 groschen/ 10 pfen: 1 heller $\frac{3}{13}$ teyl

52 10. 16 17

Mach in der mit groschen/ steht also

52 229 17

Item eyn Hoffmeyster vordingt eynem wirdt

12 pferdt 1 iar /mit solchē geding/sol ydem die wochē gebē 2 schöffell habern/ 40 punt hew vnnd 10 punt stro/ des habern gylt 1 schöffell 2 gro: 40 punt hew 3 gro: vñ 10 punt stro 2 gro: wie viel seint die pfert das gãtze iar schul- dig/ Machs also/ somir zu samē wieuil 1 pfert die wochē vorzert/ werden 9 gro: lege auff 12 pfert/ multiplicir durch 9 gro: komē 108 gro: so viell verzern sie eyn wochen/ die multiplicir durch das iar/ alls 52 wochenn/ Mach die gro: zu flo: komen 267 flo: 9 groschen.

Item eyner kaufft 3678 leder/ vnd man gybt 12 leder fur 7 flo: drithalben ort/ facit 2337 floren/ 1 gro: 3 pfen: vnd anderthalben heller

12 $7\frac{5}{8}$ 3678

Brichs vnd gehe/ steht. 96 61 3678

Item 978 kalbfel/ kost das hundert 8 floren/ $1\frac{1}{2}$ ort/ fa: 81 flo: 19 gro: 0 pfe: 1 hel: vñ $\frac{19}{50}$

100 $8\frac{3}{8}$ 978

Brichs/gehe inß forder/ steht. 800 67 978

Item 3 scheyben mit wachs/ wegen/ die erste

3 cen: 12 pfu: Die ander 4 cen: 1 steyn 17 pfu: Die dritt 3 cent: 2 stein 19 pf: kost 1 cen: 14 flo: $3\frac{1}{2}$ ort/ fa: 164 flo: 3 gro. 5 pfen: 1 heller $\frac{34}{55}$

110 $14\frac{7}{8}$ 1214

Machs also/ somir zu samen wieuiel die drey scheyben zu samen wegen/ mach pfunt/ komē 1214 setz brichs vnd gehe inß forder/ stet also.

880 119 1214

Item 3698 messer kost 1 techer $7\frac{1}{3}$ gro: facit 129 florenn/ 2 gro: 10 pfennig/ 0 heller $\frac{4}{5}$ teyl

10 $7\frac{1}{3}$ 3698

Fur das techer schreyb 10/ brichs/ vnd gehe/ stet. 30 22 3698

Item eyner kaufft 3060 Ochssen/ kost 1 ochs 3 floren/ $3\frac{1}{2}$ ort/ man schenckt auff yedes 100 3 ochssen/ fa: 11512 flo: 2 gʒ 10 pfe: 0 hel $\frac{52}{103}$ teyl/ thu ym also/ rechen wie 100 ochssen von wegenn des geschenngks/ sprich/ 1 ochs fur 3 flo: $\frac{7}{8}$ wie 100/ facit 387 $\frac{1}{2}$ flo: Nun addir 3 ochssen/welche man schenckt zu 100/wirt 103

103 387 $\frac{1}{2}$ 30 60

Brichs vñ gehe/ steht. 206 775 3060

Volgenn exxempell des

andern buchleyns/ in gollt gerechent.

Wenn es forn gebrochen ist/ so gehe inß hyn-der/ Ist es aber mitten oder hynden gebrochen so gehe inß forder.

Du sollt auch wissen/ das der floren/ hynfor-der wirt gerechent fur 20 ß/ 1 schilling fur 12 heller/ Vnnd 1 centner fur 100 pfunt/ Nach Nürnbergischen gewicht.

Itē 2 $\frac{2}{3}$ pfunt fur 3 flo: 16 schilling/ wie ko-men 17 pfunt/ fa: 24 flo: 4 schil: vñ 6 heller.

2 $\frac{2}{3}$ 3. 16 17

Brichs forn/ gehe inß hynder 8 76ß 51

Item 36 pfunt vmb 7 $\frac{3}{5}$ flo: wie 45 pfunt/ facit/ 9 flo: 10 schil:

36 $7\frac{3}{5}$ 45

Brichs/ gehe inß forder/ stet 180 38 45

Item 24 pfundt fur 3 floren/ 7 schilling/ wie $13\frac{3}{4}$ pfunt/ facit 1 flo: 18 schilling/ 4 hel. $\frac{5}{8}$

24 3.7 $13\frac{3}{4}$

Brichs/ gehe/ mach schil. 96 67 55

Item $3\frac{2}{3}$ pfu: fur 2 flo: 16 schil. wie $3\frac{4}{5}$ pf: facit 2 floren 18 schil: $\frac{2}{55}$ $3\frac{2}{3}$ 2.16 $3\frac{4}{5}$

Brichs forn in sich/ brichs mit dem hyndern/ setz forn/ brichs hynden in sich/ darnach mit dem fordern/ mach schil: steht 55 56 57

Item $4\frac{3}{7}$ pfu: fur $6\frac{2}{3}$ floren/ wie komen 19 pfunt/ facit 28 floren/ 12 schilling/ 0 heller $\frac{16}{31}$

$4\frac{3}{7}$ $6\frac{2}{3}$ 19

Brichs forn in sich/ darnach mit dem mitteln gehe mit dem fodern inß hynder/ vnd brichs mitten in sich/ steht 93 20 133

Item 13 pfunt fur 3 $\frac{1}{4}$ floren/ wie komen 6 $\frac{5}{9}$ pfunt/ facit 1 floren/ 12 ſchil:9 heller $\frac{1}{3}$

13 3 $\frac{1}{4}$ 6 $\frac{5}{9}$

Brichs gehe/ vnd ſtet 468 13 56

Item 3 $\frac{2}{3}$ pfunt fur 3 $\frac{3}{7}$ flo: wie komē 6 pfu: $\frac{5}{9}$ facit 6 floren/ 2 ſchil: 7 heller vnnd $\frac{13}{77}$ teyl

3 $\frac{2}{3}$ 3 $\frac{3}{7}$ 6 $\frac{5}{9}$

Brichs fornn in ſich/ wirdt 11 gehe mitt dem mitteln vnnd hyndern darein/ wirdt 663 ſetz forn/ Brichs mitten in ſich/ wirdt 24 die ſetz darnach/ brichs hyndenn in ſich was komet/ brichs mit dem fordern/ ſtet

693 24 177

Item eyner kaufft eyn ſagk mit pfeffer/ wygt 3 centner/ 48 pfunt/ vnd gybt fur eyn pfunt 7 ſchilling/ facit 121 florenn/ 16 ſchil: machs alſo/ leg auff 3 centner/ 48 pfunt/ mach cent: mit 110 zu pfundt/ ſetz alſo.

1 7 348

D

Jtem eyner kaufft 1 sack mit Jngwer/ wygt 98 pfunt/ 13 lot/ vñ kost 1 pfunt/ 13 schilling facit 63 floren/ 19 schilling/ $3\frac{3}{8}$ hellers.

1 13 98. 13

Mach lott forn/ vnnd hynden die pfunt/ mit 32 steht also wie hye.

32 13 3149

Jtem eyner kaufft 1 stumpff Saffran/ wygt lautter 48 pfunt/ 13 lot/ 3 quenten/ gybt fur 1 pfunt 3 floren/ 9 ß. 6 hl. facit 168 floren/ 5 ß 10 heller/ vnd $\frac{23}{64}$ teyl 1 3.9.6 48.13.3

Mach forn vnnd hyndenn quentin/ darnach mitten heller/ stet 128 834 7199

Jtem 1 stumpff Saffran wigt 38 pfu. 16 lot tara 9 lot fur denn stumpff/ vnnd man gybt $3\frac{2}{3}$ pfu. fur $8\frac{3}{4}$ floren/ facit 91 florẽ/ 4 schil: 9 heller $\frac{81}{88}$ $3\frac{2}{3}$ $8\frac{3}{4}$ 38 16

Machs also/ nym ab das tara/ mach hyndẽ pfundt zu lott/ brichs mit dem fordern/ alls 3 wirt 3669 setz hynden/ brichs forn/ gehe mit

Dem mitteln darein/mach darauß lot/werden 1408 setz forn/ vnd brichs mitten in sich/ stet

1408   35   3669

Item eyn Sagk mit kalmas wigt 48 pfunde 28 lot/ tara 3 pfundt/ 16 lot/ vnnd kost eynn pfunt $13\frac{1}{2}$ schilling/ facit 31 floren/ 4 ß. $4\frac{1}{2}$ heller/ machs also/ leg auff 48 pfunt/ 24 lot/ Nyhm ab das tara/ vnd setz darnach also.

1   $13\frac{1}{2}$ 4624

Mach pfu. forn/ vñ hyndē zu lotten/ darnach brichs vñ gehe inß forder   64   27   1480

Item drey Segk mit mandel wegen 3 centner 17 pfunt/ 4 cen 29 pfu. vnd 2 cen. 78 pfunt kost 1 cen. 7 flo. 2 ort/ vñ ein halben/ facit 78 floren/ 1 ß. 7 heller/ vnd ein funfftteyl/ Somit zu samen/ mach centner zu pfundt/ setz also.

100   $7\frac{5}{8}$ 1024

Brichs/ gehe inß forder/ stet   800   61   1024

Item 2 Zichen mit baumwollen wegen 6 cen. 29 pfunt/ Vnd 3 centner 11 pfundt/ tara 37 pfunt/ kost 1 cen. 17 flo. vierthalben ort/ facit

161 floren/ 8 ß 2 heller/ vnd siebenzehenteyll
Somir zu samen/ nym ab das tara/ setz

100 $17\frac{2}{8}$ 903

Brichs in der mitt/ gehe inß forder/ stett also
800 143 903
Item 1 Sagk mit schoffwollen wygt 7 cent: 44 pfunt/ tara 21 pfunt/ kost 1 cen: 6 flo: 9 ß 8 heller/ facit 46 flo: 17 ß 5 hel: vnd 22 funff vndzwentzig teyll/ Mach cen: zu pfunt/ nym ab das tara/ setz 100 6.9.8 723
Mach in der mit flo: zu ß vnd ß zu heller/ stet also 100 1556 723
Item zwene segk mit Lorber wegen 4 cent: 29 vnd eyn halb pfunt/ kost eyn centner 10 floren $1\frac{1}{2}$ ort/ facit 44 flo: 11 ß 2 heller/ vnnd $\frac{11}{20}$ teyl

100 $10\frac{3}{8}$ $429\frac{1}{2}$

Mach cent: zu pfu:/ brichs in sich/ gehe mite beyden herfur 1600 83 859
Item 1 Vahß mitt weynsteyn wygt 3 cen: 68 pfu: tara 21 pfu: vñ kost 1 cen: 9 flo: 13 schil: facit 33 floren/ 6 schilling/ 8 heller/ vnd $\frac{13}{25}$ teyll

Machs alſo/ lege auff 3 centner 68 pfundt/ mach centner zu pfundt/ nym ab das tara.

100 9 13 347

Item 1 Vahß allaun wigt 3 centner/ vnd 75 $\frac{1}{2}$ pfunt/ tara 23 pfundt/ koſten $7\frac{2}{}$ pfundt 1 flo. facit 45 flo. 19 ß. 6 hl. $\frac{18}{23}$ teyll/ ſetz alſo.

$7\frac{2}{3}$ 1 $352\frac{1}{2}$

Mach centner zu pfundt/ nym ab das tara/ brichs/ ſteht alſo. 46 1 2115

Item funff körb mit Veygen wegen 2 cen. 18 pfunt/ der ander 3 cen. 7 pfunt/ der drit 5 cen. 9 pfu. der vierd 3 cen. 45 pfu. vnd der funfft 4 cen. 78 pfunt/ tara auff yden korb 14 pfu. koſt 1 centner 5 flo. 3 ort/ facit 102 flo. 15 ß. 0 heller/ vñ drey funffteyl/ machs alſo/ ſomir zu ſamen/ mach centner zcu pfundt/ nym ab das tara/ vnd ſetz alſo.

Brichs vnd gehe ſtet 400 23 1787

100 $5\frac{3}{4}$ 1787

Item 5 Veſſer mit vnſlet wegen 8 cen. 13 pfu. 5 cent. 12 pfunt/ 4 cent. 17 pfunt/ 9 cent. 35 pfunt/ vñ 3 cen. 15 pfu. tara auff ydes vahs

21 pfunt/ vnd koſt eyn centner 2 floren/ vnnd 2 $\frac{1}{2}$ ort/ facit 75 flo. 15 ß. 8 heller vnd $\frac{1}{10}$ teyl

100 $2\frac{5}{8}$ 2887

Machs alſo/ ſomir zu ſamen/ mach cen. zu pfunt/ nym ab das tara/ bleyben 2887 ſetz/ Brichs gehe inß forder/ ſtet 800 21 2887

Item 4 lagel mit Oll wegen 4 centner 13 pfu. 3 cen. 21 pfunt/ 5 cen. 16 pfunt/ vñ 3 cen. 75 pfunt/ tara auff 1 cen. 11 pfu. koſt 1 cen. 7 flo. 1 $\frac{1}{2}$ ort/ facit 107 floren/ 19 ß. 4 heller $\frac{6}{37}$ teyl

Sommir zu ſamen/ nyhm nicht ab das tara/ ſonder addir es dem centner/ ſetz forn alſo.

111 $7\frac{3}{8}$ 1625

brichs vñ gehe inß forder 888 59 1625

Item man kaufft 3 tonnen mit hönig/ wegen 6 cen. 45 pfunt/ 3 cen. 13 pfu. vnd 5 centner/ 48 pfu. tara auff 1 cent. 12 pfunt/ vnd man gybt 14 pfu. fur 1 $\frac{1}{2}$ flo. facit 144 floren 1 ß. 4 heller $\frac{26}{49}$ teyl/ Somir zu ſamen/ nym nicht ab

das tara dieweil auff 1 cen: wirt 1506 pfunt
die merck/ vnd rechen wie 1 centner/sprich/ 14
pfu: fur 1 $\frac{1}{2}$ flo: wie komē 100 pfu: fa: 10 $\frac{5}{7}$
flo: nun addir das tara zum cent. setz wie hye

110 10 $\frac{5}{7}$ 1506

Brichs/ gehe/ steht also. 784 75 1506
Item 4 lagel mit seyffen wegen 3 cent. minus
13 pfu: 4 cen. 1 pfu. 4 cen. minus 28 pfu. vnd
3 cen. minus 11 pfu. tara auff 1 cen. 10 pfunt/
kost 1 pfu. 16 pfe. eyn halben/ den flo. fur 21
gro. vnd 1 gro. fur 12 pfen. facit 80 floren/ 6
gro. vnd 3 pfen. Sommir zu samen/ werden
1349/ Rechen wie 1 cen. sprich/ 1 pfunt fur 16
pfen. eyn halben/ wie 100 pfu. fa. 1650 pfen.
Addir das tara zū cen. setz 110 1650 1349

Item 1 centner Wachs fur 15 florenn/ 3 ortt/
wieuiell pfundt soll man fur 1 floren geben/ so
man mit 100 flo. gewynnenn wil 7 flo. facit
5 pfunt/ 29 lot/ 3 quenten/ 2 pfen. 0 hel: $\frac{1684}{6741}$
teyl/ machs also/ rechen wieuil wachs fur 100
flo. vmb vrsach/ das er an hundert floren ge/
wynnen wil/ sprich/ 15 vnd drey virtel floren

geben 100 pfundt wachs/ was geben 100 flo: facit 634 $\frac{58}{63}$ pfundt/ Nun addir die 7 floren/ zu 100 vnd setz also.

107 634 $\frac{58}{63}$ 1

Brichs mitten/ vnd gehe mit dem bruch herfur in die flo. stet also. 6741 40000 1

Itē Ingwer vorkaufft man/ vñ gybt 1 pfu. fur 11 ß 6 hel. gewint 8 flo. am 100/ wie hat man 1 pfunt kaufft/ facit fur 10 ß. 7 hel. vnd sieben neunteyll/ machs also/ addir 8 flo. gewyn zu 100/ sprich/ 108 flo. das ist haubgut vñ gewyn geben 100 flo. haubgut/ was gebē 11 ß. 6 hl. auch haubgut vnd gewyn/ mach forn/ hynden hl. stet 25620 100 138

Item eyner kaufft saffran das pfu. fur 3 flo. 1 $\frac{1}{2}$ ort/ verkaufft den wider nothalben/ vnd verleust an 48 flo. 7. Die frage wie theur er 1 pfu. geben hat/ fa. 2 flo. 17 ß. 7 heller vñ $\frac{7}{8}$ Auch wiuil ist des saffrans gewesen/ fa. 14 $\frac{2}{9}$ pfu. machs also/ nym 7 flo. die er verlorn hat von 48 belyben 41/ setz auß 48 flo. lößt er 41 wieuiel auß $3\frac{3}{8}$ brichs stet. 384 ı 41 ı 27

Wiltu wissen wieuiel pfu. sprich/ $3\frac{3}{8}$ flo: ge-ben ı pf. wz 48 flo: brichs stet 27 ı 384

Itē ı flo. reynisch gylt in muntz 21 gro. vñ 20 ß in gollt/ wieuiel muntz geburt sich zu geben fur 11 ß 9 hek. fa: 12 gro. 4 spe. vñ $\frac{1}{20}$ setz also

20 21 11.9

Mach hyndē vñ forn ß zu hk. 240 21 141

Item man kaufft ı elln Sam̄at fur 3 flo: 9 ß. wie soll man sie geben/ so man mit 100 floren gewinen wil 11 flo. facit 3 flo. 16 ß 7 hek. vñ zwey funff vñ zwentzig teyl/ machs also/ ad-dir 11 floren zu 100 sprich/ 100 floren geben 111 floren/ was geben 3 floren/ 9 ß. mach forn vñ hynden die gulden zu schilling/ steht also.

2000 111 69

Item eyner gybt ı elln Sammat fur 4 floren/ verleust 9 flo. am 100/ wie hat er sie gekaufft facit vier florenn/ 7 ß. 10 heller/ vnnd $\frac{86}{91}$ teyll

Machs also/ nym 9 flo. vō 100/ bleybē 91 setz also. 91 100 4 D v

Jtē eyner kaufft 4 elln tuchs fur 5 floren/ vnd gybt wider 7 ellnn fur 11 flo: hat so viel ellnn kaufft hat 24 flo: gewonnē wieuiel elln hat er gekaufft/ facit 74 ellnn/ vnnd zwey dritteyll/ machs also/ rechen wie 7 elln/ sprich/ 4 elnn fur 5 flo: wie komen 7 elln/facit 8 flo: 15 ß die nym von 11 floren/bleyben 2 floren 5 ß gewin sprich 2 flo: 5 ß gewin/geben 7 eln tuchs/ wz gebē 24 flo: auch gewin stett. 45 7 480

Item so das korn 14 groschē gylt/ begk man 1 pfennig brotht wigt 34 lot / wie schwer soll man es backen/ so das korn auff schlegt/ vnd 17 groschen gyllt/ facit 28 lott/ Machs also/ vorker die regel/ das du wissen willt setz forn/ wie hye stet 17 34 14

Jtē eyner kaufft 7 elln tuchs ist 9 virtel breyt/ willt darzu futertuch nemenn/ das ist 6 virtel breyt/wieuil sol er des nemen/facit 10 elln vñ 2 virtel/vorker auch die regel wie ytzt obē gethā

6 7 9

Wechssell.

Den auffwechssel addir alleweg zu denn/ 100 reynischen floren/ wie volgende exempel thun außweysen.

Item 894 Vngerisch floren/ wie viel machen die Reynisch/ 29 auff/ facit 1153 Reynisch 5 schil: 2 hel. vnd $\frac{2}{5}$ teyl/ Machs also/ lege die 29 floren auffgelt zu 100/ wirdt 129 setze 100 Vngerisch thunn 129 Reynisch/ was thunn 894 Vngerisch/ stet also.

100 129 894

Itē 1378 Vngerisch/ wieuiel machen die reynisch $31\frac{1}{4}$ auff/facit 1808 reynisch 12 ß 6 hl den auff wechssel addir zu 100 vñ setz 100 vngerisch thun $131\frac{1}{4}$ reynisch/ was thun 1378 vngerisch/ brichs stet also 400 525 1378

Itē 874 vngerisch wiuil machen die reynisch ye 3 vngerisch fur 4 reynisch/fa: 1165 reynisch 6 ß. 8 heller. 3 4 874

Item 478 Reynisch/ wie viel vngerisch auff $29\frac{1}{2}$ facit 369 vnge: 3 gro. 2 pfe: vnd $\frac{250}{259}$ den flo: gerechent fur 29 gro: vnd 1 groschen fur 12 pfe: setz also/ $129\frac{1}{2}$ reynisch/ thun 100

vngerisch/ wieuil machē 478 reynisch/ brichs vnd gehe stet. 259 100 956
Bleyben dyr vngerisch floren vberig/ so mach groschen darauß mit 29
Item 578 Reynisch/ wieuil machē die vnge: 32 $\frac{1}{2}$ auff/ facit 436 vng. vñ 6 ß. setz 132 $\frac{1}{2}$ reynisch machen 100 vngerisch/ was machen 578 reynis. brichs gehe stet 265 100 1156
So dyr vngerisch floren vberig bleyben/ alls hye in gesatztem exempell/ vnnd weyst nicht wie der flo. gerechent/ So mach darauß reynisch schil: diuidir ab mit dem mitteln/ seyndt aber bruch vorhanden/ so gehe inß mittel.
Item 1236 reynisch/ wieuil machen die vng: 32 $\frac{1}{3}$ auff/ fa. 934 vng: 0 ß. 1 hl. vñ $\frac{3}{5}$ teyl
Setz also/ 132 $\frac{1}{3}$ reynisch/ thun 100 Vngeri: was 1236 reynisch/ brichs/ steht also.
397 100 3708

Gewandt.

¶ Item eyner kaufft zwene seum gewandt zu prugk in flandern/ kost 1 tuch 13 flo. 1 halben

gestehen byß hen Preßburgk in vngern 34 flo:
Alda gybt man eyn tuch fur $12\frac{7}{8}$ vngerisch/
vnnd 100 vng: thun $136\frac{1}{4}$ reynisch/ wieviell
reynisch flo. gewynt man/ facit 143 flo. 17 ß.
anderthalben heller/ Machs also/ lege nyder
zwen saum/mach darauß tucher mit 22 wer
den 44/ sprich 1 tuch fur 13 floren eyn halben
reynisch/ wie komenn 44 tuch/ facit 628 die
mergk dan souiel kostē sie yn/ Rechen wieuiell
man darauß lößt/ sprich/ 1 tuch fur 12 floren
sieben achteyl vngeri: wie 44 tuch/ facit 566
vnge: vnd 1 halben/ Mach darauß reynisch/
sprich/ 100 vnge: thun 136 vnnd eyn vierteyl
reynisch/ was thun 566 vnd eyn halber vng:
Brichs/stet also. 800 545 1133
Rechen es komen 771 flo. 17 ß anderthalben
heller/ daruon nym 628 floren/ so die tucher
gekost haben/ so bleybt gewyn wie oben stet.
Item eyn sagk mit negeleyn wigt zu Venedig
$654\frac{1}{2}$ pfunt/ kost 1 pfu. 9 ß/ gesteht byß gen
Nurmbergk 25 flo. vnd 10 pfunt von Vene
dig/ thun 6 pfunt zu Nurmbergk/ alda helt 1

cen· 15 pfu. fusti kost 1 pfu. fusti 4 ß vn̄ 1 pfu. lauter 16 ß. wievil ist gewonnen oder verloren

facit verlust 40 floren/ 14 schil. 1 heller $\frac{23}{25}$ teyll

Machs also/rechenn wie theur er die negelein

kaufft/ sprich/ 1 pfunt fur 9 schil. wie 654 $\frac{1}{2}$

pfu. fa. 294 flo. 110 ß. 6 hl. addir darzu furlō 25 flo. wirt 319 floren/ 10 ß. 6 hl. die mergk/ mach das venedisch gewicht zu Nurmbergk sprich/ 10 pfu. vō venedig/thū̄ 6 pfu. zu nur: was thun 654 $\frac{1}{2}$ pfu. brichs/ gehe/steht also

20 6 1309

facit 392 $\frac{7}{10}$ pfu. Nurmbergisch/ die mergk/

Nun nym vom cen. 15 pfu. bleyben 85 pfunt lautter/ Rechen yglichs in sonderheyt also.

1 4 ß. 15 pfu. 3

facit floren

1 16 ß. 85 pfu. 68

Somir zu samen komen 71 floren/ sprich/ 100 pfu. fur 71 flo. wie komen 392 $\frac{7}{10}$ pfunt/ facit

278 flo. 16 ß. 4 $\frac{2}{25}$ hl. die nym von 319 flo: 10 ß. 6 heller/ so hastu verlust wie oben steht. Item eyner nympt zu Venedig an eyner verlorn schult 25 $\frac{1}{2}$ pfu. saffran/ kost 1 pfu. 2 $\frac{1}{3}$ ducaten/ gestet mit furlohn byß gen Nurem: drithalben ducatē/ vñ 10 pfu. vō venedig thun 6 pfu. zu Nurmbergk/ alda gybt man 1 pfu: fur funffthalbē flo. reynisch/ vñ 100 ducaten thun 134 reynisch/ wieuiel hat man gewoñen ader verlorn/ facit verlust 14 floren/ 4 ß. 7 hl. vñ eyn funffteyl/ Machs also/ sprich/ 1 pfu: fur 2 $\frac{1}{3}$ ducaten/ wie komen 25 $\frac{1}{2}$ pfunt facit so das furlohn darzu gethan/ wirt 62 ducatē die mergk/ Mach Vene: gewicht zu Nurmbergis: sprich/ 10 pfu. thun 6 pfu. was thun 25 $\frac{1}{2}$ pfu: facit 15 $\frac{3}{10}$ pfu. rechen wieuiel er zu Nurmbergk darauß löst/ sprich/ 1 pfunt fur 4 $\frac{1}{2}$ flo. reynisch/ wie komen 15 $\frac{3}{10}$ pfunt/ facit

68 flo: vñ 17 ß Mach die ducaten zu reynisch
sprich 100 ducaten thunn 134 reynisch/ was
thun 62 ducaten/ facit 83 flo: 1 ß 7 hel. vñ 1
funffteyl/ Daruonn nym so viell er gelost hat/
so bleybet verlust/ oben angezeygt.
Item eyner kaufft zu Eger 124 cen: Zyn/ eyn
cent: fur 16 floren/ ein halben/ gesteht byß gen
Nurmberg 34 floren/ vñ 3 cen: võ eger thun
4 zu Nurmberg/ Alda gybt man 1 centner fur
10 flo: anderthalbē ort/ Die frag/ wieuiel man
verlorn hat/ facit 364 flo. 13 ß. 4 hel. machs
also/ rechen wie theur mann das Zyn kaufft/
sprich/ 1 cen. fur 16 flo. ein halbē/ wie komen
124 cen. facit mit dem furlohn 2080 flo. die
mergk/ Nun mach das Egerisch gewicht zu
Nurmber: sprich/ 3 cen: thun 4 centner/ was
thun 124 cen: facit 165 vñ ein dritteyl/ rechen
wiuil er zu Nurmb. darauß löst/ sprich 1 cen:
fur 10 flo: $\frac{3}{8}$ wie 165 $\frac{1}{3}$ centner/ buchs/ vnd
gehe/ steht also. 24 83 496
Facit 1715 flo. 6 ß. 8 hel. die nym von 2080
flo. souiel dich gekost/bley bet verlust wie oben
Item eyn sack mit Pfeffer wygt zu Nurmb.
4 centner 48 pfunt/tara 12 pfunt/eyn halbes

kost 1 pfunt/ 9 ß/ gesteht byß gen Leypzigk 4
flo: Vnd 10 pfu. von Nurmb: thun 11 pfunt
zu Leypzigk/ Alda gybt man 1 pfundt fur 9
groschen/ 6 pfen. vnnd 20 ß. machen 21 gro.
wieuiell hat er gewonnen/ facit 16 florenn/ 15
gro. vñ 6 pfen. Mach die cent. zu pfun. nym
ab das tara/ bleybenn 435 eyn halbes pfunt/
sprich 1 pfu. fur 9 ß. wie 435 vnd eyn halbes
pfunt/ facit mit dem furlohn 199 flo. 19 ß. vñ
6 heller. Mach Nurmbergisch gewicht zcu
Leyptzischen/ sprich/ 10 pfunt thun 11 pfunt/
was 435 $\frac{1}{2}$ pfunt/ facit 479 $\frac{1}{20}$ pfu. Rechen
wieuiell man darauß lößt/ setz 1 pfundt fur 9
gro. 6 pfennig/ wie 479 $\frac{1}{20}$ pfundt/ Brichs/
mach mitten pfe. stet also 20 114 9581
facit 216 flo. 14 gro. 11 pfennig $\frac{7}{10}$ teyll/ Nun
mach das golt zu müntz/ sprich/ 20 ß. machen
21 groschen/ was machen 199 flo. 19 schil.
6 heller/ mach heller/ rechen es/ so komen 199
flo. 20 groschen/ 5 pfe. vnnd siebenzehen teyl

E

die nyhm von dem das mann gelößt hatt/ so bleybet vberig gewyn.

Item 6 Vesser mit messing wegen 15 centner/ 56 pfundt/ kost 1 centner 13 floren $\frac{4}{5}$ teyll den floren gerechent fur 8 pfunt/ vnd 11 pfennig/ facit 352 floren/ 6 pfunt/ 2 pfen. vnd $\frac{91}{125}$ teyll

Mach centner zu pfunt/ vnd setz also.

100 $13\frac{4}{5}$ 2556

Brichs gehe inß forder/stet 500 69 2556

Mach eyn flo. zu pfen. also lege auff 8 pfunt darneben 11 pfen. mach pfunt mit 30 zu pfe. darmit multiplicir die vberigen floren/ teyl ab vnnd mach pfennig zu pfunden mit 30.

Item eyner kaufft 18 centner/ 17 pfu. Vnslet gybt fur denn cent. 3 floren/ 5 pfunt 27 pfen: den flo. gerechent fur 5 pfunt/ 28 pfen. vnd 1 pfu. fur 30 pfennige/facit 72 floren/ 3 pfu.

12 pfen: vnd $\frac{87}{100}$ teyl/ thu ym also/ mach cent: zu pfundt/ setz hynden/ Darnach mach 1 flo: zu pfen: leg auff 5 pfunt/ 28 pfen: die pfunt multiplicir mit 30/ wirt 178 schreyb eyn weyl besunder/ vnd lege auff/ so viell 1 centner kost/ als 3 flo: 5 pfunt/ 27 pfe: Mach pfunt mit 30 zu pfen: vnd flo: mit 178 werden zusamen 711 pfen: stet also. 100 711 1817

Item vier Scheyben mit wachs/ wegenn zu Krocau 12 cent: 1 steyn/ 7 pfunt/ vñ 9 cent: 2 steyn/ 9 pfunt/ kost 1 cen: 11 floren eyn halben ort/ den floren fur 30 groschen/ 1 groschen fur 18 heller/ den cen: fur 5 steyn/ vñ den steyn fur 26 pfunt gerechent/ facit 241 floren/ 20 gro: 1 heller/ vnnd $\frac{5}{13}$ teyll/ Machs also/ sommir zusamen/ komen 2824 pfunt/ setz also.

130 $11\frac{1}{8}$ 2824

Mach den cen: forn zu pfu: Brichs vnd gehe rechen es bleyben floren/ so mach mit 30 gro:

wie angezeygt. 1040 89 2824

Item vier Scheyben mit Wachs wegenn zu Breslaw 3 cen. 1 steyn/7 pfunt/4 cen. 4 steyn/ 11 pfu. 6 cen. 1 steyn/8 pfu. vnd 3 cen. 4 steyn 16 pfu. kost 1 steyn 3 flo. anderthalbē ort/facit

336 flo. 39 gro. $4\frac{1}{2}$ hl. den cen. fur 132 pfu. den steyn fur 24 pfu: den flo: fur 60 groschen vn̄ 1 gro: fur 12 hel: gerechent/ Machs also/ somir zusamen/ mach cen: zu pfu: mit 132 vn̄ steyn mit 24 komen 2394 pfundt/ Setz also.

24 $3\frac{3}{8}$ 2394

Brichs vnnd gehe/ darnach rechen es/mach die vberigen florenn zu gro: wie im Exempell angezeygt stet. 192 27 2394

Item eyner kaufft fur 324 flo: Saffran/Negeleyn/vnd Ingwer/wil eyns so viel sam des andern haben/ gylt 1 pfunt Saffran 3 floren 5 schilling/ 1 pfunt Negelein 1 floren/ 17 schil: vnnd 1 pfunt Ingwer 8 schil: Die frage nach der antzall/ facit 58 pfunt/ 29 lot/ vnnd eyn

eylfftcyll eynes lotes/ Thu ym alſo/ lege zuſa/
men/ wieuiel ytzliches 1 pfunt koſt/ vn̄ komen
110 ſchilling/ ſetz vn̄ ſprich/ 110 ſchilling gebn̄
1 pfunt/ was geben 324 floren/ Mach hyn/
den floren zu ſchilling/ ſteht alſo:

110 1 6480

Item von 4 centnern 7 meyl gybt man 1 flo:
2 pfunt 9 pfennig furlohn/ wieuiel meyl wirt
man furn/ 48 centner vmb 20 floren/ facit 8
meyll/vnd $\frac{218}{279}$ teyl/ den floren gerechent fur 7
pfunt/ vnd 1 pfunt fur 30 pfennig/ Setz alſo:

4 7 48
1.2.9. 20

Leg auff forn 1 floren/ 2 pfunt/ 9 pfen: mach
pfen: multiplicir mit 48 cent: hynden geſatzt/
wirt 13392 ſetz forn/Darnach mach hinden
die 20 floren auch zu pfe. vnd multiplicir mit
dē cen. forn geſatzt/ als 4 wirt 16800/ ſetz alſo

13392 7 16800

Sylber und gollt rechnũg.

Item 384 margk/ 13 lott/ 3 quenten Sylber/ kost 1 margk 8 florenn/ facit 3078 florenn/ 17 schilling/ vnd 6 heller/ Setz also.

1 8 384. 13. 3

Mach die margk mitt 16 zu lotten/ Darnach lott mit 4 zu quenten/ stet also.

64 8 24631

Itẽ 125 margk/ 3 lot/ 1 quenten/ kost 1 margk 8 flo: $\frac{1}{2}$ ort/ fa: 1017 flo: 5 ß 6 hl. vñ $\frac{3}{32}$ teyl

1 $8\frac{1}{8}$ 125. 3. 1

Mach forn vñ hynden quentẽ/ darnach brich es mitten/ gehe/ stet. 512 65 8013

Itẽ man kaufft 1256 margk/ 12 lot/ gekörnts hellt 1 margk 9 lot/ 3 quenten/ vñ kost 1 margk feyn 8 flo: 3 ß/ facit 6241 flo: 10 ß 7 hel. vnd

$\frac{29}{64}$ teyl/ machs also vñ rechẽ wieuil das stuck feyn hellt/ sprich/ 1 margk hellt 9 lot/ 3 quent. feyn/ was halten 1256 margk/ vnnd 12 lott/ mach forn vnnd hynden lot/ darnach mitten quenten/ steht 16 39 20108

Rechen es/ so komet feyn Sylber 765 margk 13 lot/ 1 quenten/ vnd 1 pfe. gewicht/ Rechen wieniel es am gelt macht/ sprich/ 1 margk fur 8 flo. 3 schilling/ wie komenn 765 margk 13 lot/ 1 quent/ vnd eyn pfennig gewicht/ mach forn vnd hynden pfennig gewicht/ vñ mitten schilling/ stet also 256 163 196053

Item eyn Stuck Sylbers wigt 384 margk/ 13 lot/ 3 quent/ hellt 1 margk 7 lot/ 3 quent/ 1 pfe. gewicht/ kost 1 margk feyn sylbers 7 flo. 3 $\frac{1}{2}$ ort/ fa: 1479 flo. 17 ß 4 hl. vñ $\frac{619}{8192}$ teyll

Rechen wieuil das stuck feyn helt also sprich/ 1 margk hellt 7 lot/ 3 quenten/ 1 pfeñig/ was halten 384 margk/ 13 lot/ 3 quent/mach forn vnd hynden quenten/ vn̄ mitten pfe: gewicht stet also. 64 125 24631

Multiplicir vnd diuidir/ komen pfe. gewicht mach quent/ darnach quenten zu lotten/vnd lot zu margken/ facit feyn 187 margk/ 14 lot/ 2 quentenn/ 3 pfennig gewicht/ vnnd $\frac{27}{46}$ teyll

Rechen wieuiel man darauß löst/setz 1 margk feyn fur $7\frac{7}{8}$ flo: wie komē 187 margk/ 14 lot/ 2 quentenn/ 3 pfennig/vnnd $\frac{27}{64}$ teyll/ Mach forn vnnd hynden pfennig gewicht/ gehe mit beydenn bruchenn in das forder/ Darnach brichs in sich/ stet also.

131072 63 3078875

Volfure es komet das facit wie oben.

¶ Item eynn margk goldes hellt am strich 17 karat/ vnd kost 1 karat 3 floren/ 6 ß/ facit 58 floren/ vnd 13 schilling/ setz also.

1 3.9 17

Item eyner kaufft eynn Stuck Goldes/ wygt 28 margk/ 12 lott/ hellt 1 margk am strych 16 karat/kost 1 karat 3 floren/ 1 $\frac{1}{2}$ ort/ facit 1552 floren/ vnd 10 schilling/ Rechen wieuielß feyn helt/ sprich/1 margk helt 10 karat/ was haltē 28 margk/ vnnd 12 lot/ Mach fornn vnnd hynden lot/ steht also wie hye.

16 16 460

facit 460 karat/ Rechenn wieuiel die am gellt machen/ sprich/ 1 karat fur 3 floren/ 1 $\frac{1}{2}$ ortt/ wie komen 460 karat/ brichs vnd gehe/steht.

8 27 460

Item man kaufft 1 Stuck Goldes/ wygt 25 margk/ 13 lott/ 3 quentenn/ hellt 1 margk 18 karat/ 3 gran/ vnnd kost 1 karat 3 florenn/ 10 schileing/9 heller/facit 1715 floren/ 4 schilling 0 heller/ vnnd $\frac{237}{256}$ teyll/ Machs also/ rechen wieuiel das stuck feyn am Gollt hellt/ sprich/ 1 margk hellt 18 karat/ 3 gran/ was haltenn

25 margk/ 13 lott/vnnd 3 quent/Mach forn
vnd hynden quenten/ darnach mitten gran/
steht also / Wyß das eynn karat 4 gran hatt.

64 75 1655

Multiplicir/ teyll ab/ mach gran zu karaten/
29
werden 484 karat/ 3 gran/vnnd — Rechenn
64
wieuiel die am gellt machenn/sprich/ 1 karate
fur 3 florenn/ 10 schilling/ 9 heller/wie komen
29
484 karat/ 3 gran/ vnd — mach forn vnnd
64
hynden karat/ mit 4 zu granen/ mach mitten
heller / brichs hyndenn/ gehe ynß forder/ stett
also wie hye vorzeychent.

256 849 124125

Multiplicir vnnd diuidir/ komenn heller/ die
mache zu schillingenn/ Darnach schilling zu
floren/ so hastu das facit.

Item 21 margk/ 14 lott/ 3 quenten/ vnnd 3
pfennig gewicht/hellt 1 margk 22 karat/vnd
3 gran/ wieuiel thut es feyn zu 24/ karat facit
20 margk/ 12 lot/2 quenten/2 pfennig 1 heller

vnnd $\frac{5}{48}$ vnnd man gybt 1 lot fur 5 florenn/ 5 schilling/facit 1746 floren/9 schilling/2 heller vnd $\frac{125}{128}$ teyl/ machs also durch die verkerung sprich/ 24 karat gebenn 21 margk 14 lott/ 3 quenten/3 pfennig/ was geben 22 karat/vnd 3 gran/ Mach forn vnnd hynden gran/ dar/ nach mitten pfennig gewicht/ stet also.

96 5615 91

Multiplicir vnd diuidir/ komen eytel pfennig gewicht/ mach darauß quentenn/ Darnach quenten zu lotten/ vnnd die lott zu margken/ komet wie oben/Rechen wieuiel es macht am gellt/ sprich/ 1 lot fur 5 floren/ 5 schilling/ wie komen 20 margk/ 12 lot/2 quenten/2 pfennig gewicht/ 1 heller/ vnnd $\frac{5}{48}$ Mach forn vnnd hyndenn hellergewicht/ brichs hynden/ gehe ins forder/ vñ mach in der mitt schil: stet also

1536 105 510965

Multiplicir vnd diuidir/ komen ß/ mach flo: die vberigen ß mach zu hellern vnnd teyll ab-

S ij

Volgē hernach geselschafft

Item yhr drey machen eyne geselschafft/ Der erste legt 123 floren/ Der ander 536 Vnnd der drytte 141 floren/ haben gewonnen 130 floren/ Die frage wieuiel ytzlichem vom gewynn ge- burt/ facit/ Dem ersten 19 floren/ 19 schilling/ 9 heller/ Dem andern 87 florenn/ 2 schilling/ Vnnd dem dritten 22 florenn/ 18 schilling/ 3 heller/ Machs also/ setze hynden wieuiel yder gelegt hatt/ lege das selbige zu samenn/ was komet ist der teyler/ setz forn/ vnd den gewyn mitten/ stet.

		123	erst
800	130	536	ander
		141	dritt

Lege auff 123 so viel der erste gelegt/ multipli- cir mit dem gewyn als 130/ teyl ab durch das forder/ so hastu wieuil dem ersten geburt/ zcu gleych thu mitt den andern zweyen/ so befin- destu auch yren teyll/ Wyltu aber probirn ob du recht gemacht hast/ so lege zcusamenn der dreyer gewyn/ Mach heller zu schilling/ vnd

erste will nehmenn $\frac{1}{3}$ Der ander $\frac{1}{4}$ Vnnd der drit $\frac{1}{7}$ wieuiel geburn ytzlichem hering/ vnnd wieuiel sol er darfur gebenn/ facit Dem ersten 596 $\frac{44}{61}$ teyll/ Dem andern 447 $\frac{33}{61}$ teyll/ Vnnd dem dritten 255 $\frac{45}{61}$ teyl von eym hering/ facit an der bezalung/ Der erste 3 floren/ 12 schilling/ drey heller $\frac{33}{61}$ teyll eynes hellers/ Der ander 2 floren/ 14 schilling/ 2 heller $\frac{40}{61}$ teyl/ Vnd der drit 1 florenn/ 10 schilling/ 11 heller/ vnnd $\frac{49}{61}$ teyll/ Machs vnnd setze also $\frac{1}{3}$ $\frac{1}{4}$ $\frac{1}{7}$ Nun such eyne zall/ darynnen du die teyll hast also multiplicir die vndern mit eynander/ lege auff 3 multiplicir mit 4 wirt 12 die multiplicir mit 7 wirdt 84 das ist die zall/ teyll ab mit 3 mit 4 vnd mit 7 wirdt 28. 21. vnnd 12. setz hynden/ addir zusamen/ setz forn/ wirdt deyn teyler/ vnnd die 1300 hering setz mitten hinein also

erste will nehmenn $\frac{1}{3}$ Der ander $\frac{1}{4}$ Vnnd der drit $\frac{1}{7}$ wieuiel geburn ytzlichem hering/ vnnd wieuiel sol er darfur gebenn/ facit Dem ersten $596\frac{44}{61}$ teyll/ Dem andern $447\frac{33}{61}$ teyll/ Vnnd dem dritten $255\frac{45}{61}$ teyl von eym hering/ facit an der bezalung/ Der erste 3 floren/ 12 schilling/ drey heller $\frac{33}{61}$ teyll eynes hellers/ Der ander 2 floren/ 14 schilling/ 2 heller $\frac{40}{61}$ teyl/ Vnd der drit 1 florenn/ 10 schilling/ 11 heller/ vnnd $\frac{49}{61}$ teyll/ Machs vnnd setze also $\frac{1}{3}$ $\frac{1}{4}$ $\frac{1}{7}$ Nun such eyne zall/ darynnen du die teyll hast also multiplicir die vndern mit eynander/ lege auff 3 multiplicir mit 4 wirt 12 die multiplicir mit 7 wirdt 84 das ist die zall/ teyll ab mit 3 mit 4 vnd mit 7 wirdt 28. 21. vnnd 12. setz hynden/ addir zusamen/ setz forn/ wirdt deyn teyler/ vñ die 1300 hering setz mittē hinein also

28
61 1300 21
12

Machs wie du vnderweyst byst/ so kommen ytzlichem seyn teyl hering/ Wyltu dan wissen wieuiel eyn ytzlicher fur seyn hering geben sol/ So lesch auß die hering/ schreyb darfur was sie kosten/ alls 7 floren/ sieben achteyll/ brichs in der mitte/ vnd gehe mit dem bruch inß forder/ alls in 61 wirdt 488 stet also.

28
488 63 21
12

Item 3 knapsegk lassen yhn kauffen eyn sagk mit Pfeffer/ wygt zu Nurmbergk 204 pfunt tara drithalb pfunt/ kost 1 pfunt 6 schilling/ 9 heller/ gesteht zu fur vnd zoll/ vnd alda in die wah 2 floren/ 10 schilling/ vnd 10 pfunt von Nurmbergk/ thun 11 zu Leyptzig/ alda teylen sie denn pfeffer/ Der erste nymet $\frac{1}{1}$ Der ander $\frac{1}{3}$ Vnnd der dritte $\frac{1}{5}$ wöln in muncz betzalen Auch 20 schilling machen 21 groschen/ facit/

Dem ersten 114 pfundt/ 20 lot/ vnnd $\frac{20}{29}$ Dem andern 68 pfunt/ 25 lot/ vnd $\frac{31}{145}$ Dem dritten 38 pfunt/ 6 lott/ vnnd $\frac{26}{29}$ teyl/ facit/ Der erste zugeben 36 florenn/ 9 groschenn/ 10 pfennig/ vnd $\frac{1}{4}$ hellers/ Der ander 21 floren/ 18 grosch. 6 pfennig/ vnd $\frac{3}{20}$ hellers/ Vnnd der dritt/ 12 floren/ 3 groschen/ 3 pfennig/ vnd $\frac{3}{4}$ hellers/

Machs also/ lege auff 204 pfunt/ so viell der sagk wigt/ Nym ab das tara/ so bleyben 201 pfunt/ vnd eyn halbes/ rechen was sie kosten sprich/ 1 pfundt fur 6 schilling/ 9 heller/ wie komen 201 pfunt/ vnnd eyn halbes/ facit mit furlohn 70 floren/ 10 schilling/ eyn heller/ eyn halber/ die mergk/ Mach Nurmbergisch gewicht zu Leyptzisch/ sprich/ 10 pfundt thun 11 pfundt/ was thunn 201 $\frac{1}{2}$ pfundt/ facit 221 $\frac{13}{20}$ pfundt/ Setz fort also $\frac{1}{3}$ $\frac{1}{5}$ $\frac{1}{9}$

ſuch eyne zall/ multiplicir die vndern mit eyn/ ander/ wirdt 135 teyll ab mit 3.5. vnnd 9 ſetze hynden/ addir zu ſamen/ ſetz forn/ vñ mitten

221 $\frac{13}{20}$ pfunt/ brichs mitten/ vnd gehe in das forder/ ſteht.

		45
1740	4433	27
		15

Multiplicir/ Diuidir/ mach lott mitt 32 auß den vberigen pfunden/ teyle ab/ Rechen eynen nach dem andern/ ſo haſtu wieviell yglichem vom Pfeffer geburt/ Wiltu nun wiſſen/ wie viel yglicher fur ſeynenn Pfeffer geben ſoll/ ſo mach das gollt zu muntz/ ſprich/ 20 ſchilling machen 21 groſchen/ was machen 70 floren/

10 ſchilling/ vnnd 1 $\frac{1}{2}$ hellers/ facit 70 floren/

10 groſchenn/ 7 pfennig/ vnnd $\frac{23}{40}$ teyll/ leſche nun das forder vnd mittel auß/ ſetz in die mit

70 florenn/ 10 groſchenn/ 7 pfennig $\frac{23}{40}$ teyll

Somir das hynder zusamenn/ Brichs mitt dem mitteln/ setz forn/ Darnach mach mitten pfennig/ vnd brichs/ stet also.

		45
3480	7'0703	27
		15

Rechenn eynenn nach dem anndern/ komenn pfennig/ mach groschen/ vnnd groschenn zu floren/ so befindt es sich recht.

Item ann eynem tantz seyndt 546 personn darunder seyndt eynn dritteyll Junge gesellen/ $\frac{1}{4}$ bürger $\frac{1}{6}$ edelleut $\frac{1}{8}$ paurn vnd $\frac{3}{4}$ Junck-frawen/ Nun seyndt der Junckfrawen nicht so viel/ darmit sie alle tzu gleychenn tantzenn mögen/ dan so offt 6 Junckfrawen tantzen/ so manches mall muß 1 person vnnder gemelten geschlechtenn feyernn/ Frage ich/ wie viel eynes ytzlichenn geschlecht in sonderheyt sey/ Machs also/ such 1 zall darinnen du die teyll hast/ ist 24 teyll in 3 wirdt 8/ setz fur die gesellenn/ teyll 24 in 4 wirdt 6 fur die burger/ teyll 24 in 8 wirdt 3 setz fur die baurn/ teyll in 4 die 24 komen 6/ multiplicir mit 3 dan yr sollenn drey viertell seyn/ wirdt 18 setz hynden/ vnnd 546 person mitten in stet also.

		8	Junge gesellen
		6	Burger
39	546	4	Edelleut
		3	Baurn
		18	Junckfrawen

Facit Gesellen 112/ Burger 84/ Edelleut 56/ Baurn 42/ vnd Junckfrawen 252. Wyltu nuhn wissen wieuiel yedes geschlecht alle mall feyern sollen/ setz.

		112	So mir das hynder
		84	zu samen/ setz fornn
294	42	56	nym die zal der iūck-
		42	frawenn daruonn/

Volfure es wie du weyst/ so feyern 16 Junge gesellen/ 12 burger/ 8 edelleut/ vnnd 6 paurn/ recht gemacht.

Stich.

Item eyner hat wachs das will er verstechen vmb Ingwer/ gyllt 1 steyn wachs 1 florenn/

vierthalben ort bahrgellt/den setzt er am stich fur 2 floren/ 1 ort/ vnnd 1 steyn Jngwer gyllt bahrgellt 8 floren/ 1 ort/ wie theur soll mann denn Jngwer setzen/ das er dem wachs stych gleych werdt/ facit fur 9 floren/ vnd 18 schil- ling/ Vnnd wieuiel Jngwer geburdt sich fur 258 steyn/ vnd zwey dritteyl wachs/ facit 58 steyn/ 17 pfunt/ vnnd eynn dritteyll/ Machs also/ sprich/ 1 florenn/ vnnd siebenn achteyll bahrgellt/ gebenn 2 floren/ eynn vierteyll am stich/ was geben 8 floren/ vnnd eyn vierteyll/ Brichs vnd gehe/ stet also.

240 9 264

Wyltu nun wissenn wieuiell er Jngwer hatt gehabt/ so rechenn wieuiel das wachs macht sprich/ 1 steyn fur $1\frac{7}{8}$ flo: wie komen $258\frac{2}{3}$ steyn/ brichs/ gehe inß forder/ stet.

24 15 776

Rechenn es so komenn dyr 485 florenn/ Setz nun fort vnd sprich/ 8 floren/ vñ eyn vierteyl geben 1 steyn/ was geben 485 floren/ brich es gehe steht also. 33 1 1940

Reſoluirung.

Im erſtenn buchleynn iſt der floren gerechent fur 21 groſchen/ vnd 1 groſch fur 12 pfennig.
Item 1 centner hatt 100 pfundt/ im anndern buchleyn.
Aber im erſten hat der centner 110 pfundt.
Item 5 ſteyn iſt auch 1 centner. 22 pfundt iſt 1 ſteyn/ 32 lot iſt 1 pfundt. 16 lott iſt 1 margk. 4 quenten iſt 1 lott. 4 pfennig. gewicht iſt 1 quenten. 2 heller iſt 1 pfennig gewicht.
Item 36 elln iſt 1 tuch. 22 elln iſt 1 parchat. 32 elln iſt eyn zwilich. 48 elln iſt eyn harras. 24 elln iſt eyn ſetyn. Siebentzenthalbe elln iſt eyn damaſchkt.
Item 12 eymer iſt eyn fuder. 64 virtel iſt eyn eymer.
Item 16 ſchöffell iſt eyn malder.
Item 10 meſſer iſt eyn techer.
Item 22 tuch iſt eyn ſaum.
Item 24 karat iſt eyn margk am ſtrich.

4 gran iſt eyn karat. $\frac{2}{3}$ lot iſt auch 1 karat.

Item $\frac{1}{2}$ ort ist $\frac{1}{8}$ floren. 1 ort ist $\frac{1}{4}$ floren.

1 $\frac{1}{2}$ ort ist $\frac{3}{8}$ floren. 2 ort ist $\frac{1}{2}$ floren.

2 $\frac{1}{2}$ ort ist $\frac{5}{8}$ floren. 3 ort ist $\frac{3}{8}$ floren.

vnd 3 $\frac{1}{2}$ ort ist $\frac{7}{8}$ floren darfur sol man setzen.

Wyltu wissenn wieuiel $\frac{2}{3}$ floren/ odder $\frac{3}{4}$ teyl sey/ so setze vnnd sprich/ eynn florenn gybt 21 groschen/ was gebenn $\frac{2}{3}$ floren/ odder $\frac{3}{4}$ teyl Volfure es nach gesagtenn/ Vnnd will also hyemit beschlyessen gegenwertiges buchleyn/ von den linihen gesatzt/ Byt derhalben eynen ytzlichen lyebhaber dyeßer kunst/ Der sollichs lesen ist/ ob yrgent etwas zu viel/ odder wenig gesatzt/ das selbige gutlichenn rechtfertigenn/ will ich mit der zeyt/ so myr mehr weyl verlyhen/ willigklichen vordyenen/ Den rechten grundt auff der federn/ mit sampt den regelln Algebre/ auff das grundtlichest in tag geben/ vnnd ytzlichem getrewlich mytteylen.

¶ Gedruckt tzu Erffordt/ durch Mathes Maler. M. CCCCC. xxv. Jar.

Anhang

Literaturhinweise

In der Einführung genannte Werke

Ein Enchiridion oder Handbüchlein geistlicher Gesänge und Psalmen (Erfurt 1524), hg. v. Christiane und Kai Brodersen. 2. Aufl. Speyer 2011

Conrad Feme(n): Eyn gut new rechen buchlein ist erdacht Vnnd ist nach der schlechten zal gemacht. Erfurt 1521 (vgl. Stefan Deschauer: Eyn gut new rechen buchlein von Conrad Feme(n), in: Gebhardt 1999, 115-120)

Jakob Koebel: Ain new geordnet Rechenbiechlin auf den linien mit Rechen pfeningen. Augsburg 1514

Adam Ries: Rechnung auff der linihen gemacht durch Adam Riesen vonn Staffelsteyn in massen man es pflegt tzu lern in allen rechenschulen gruntlich begriffen anno 1518. vleysigklich vberlesen vnd zum andern mall in trugk vorfertiget. Erfurt 1525 (»erstes Rechenbuch«, im vorliegenden Band präsentiert; vgl. Lembcke 1991 und Deschauer 1992)

– Rechenung auff der linihen vnd federn in zal maß vnd gewicht auff allerley handierung gemacht vnnd zusamen gelesen durch Adam Riesen von Staffelstein Rechenmeyster zu Erffurdt im 1522. Jar. Erfurt 1522 (»zweites Rechenbuch«; dazu Deschauer 1991, 1992, 2012)

– Rechenung nach der lenge auff den Linihen vnd Feder. Darzu forteil vnd behendigkeit durch die Proportiones Practica genant Mit grüntlichem vnterricht des visierens. Leipzig 1550 (»drittes Rechenbuch«; Nachdruck Hildesheim 1976)

Weiterführende Werke

Stefan Deschauer: Das 1. Rechenbuch von Adam Ries (Algorismus, Bd. 6). München 1992 (mit Faksimile)

– Das 2. Rechenbuch von Adam Ries (Algorismus, Bd. 5). München 1991 (mit Faksimile); Das zweite Rechenbuch von Adam Ries. Braunschweig 1992 (mit Übertragung und Kommentar, der über die Aufgabenkonkordanz u. S. 228 auch für das im vorliegenden Band präsentierte erste Rechenbuch genutzt werden kann); Neuausgabe davon: Das macht nach Adam Riese. Die praktische Rechenkunst des berühmten Meisters Adam Ries. Köln 2012

Fritz Deubner: Nach Adam Riese. Leben und Wirken des großen Rechenmeisters. Leipzig und Jena 1959

Menso Folkerts: Zur Bedeutung der Mathematik an der Universität Erfurt im 15. und 16. Jahrhundert, in: Manfred Weidauer (Hg.): Heinrich Schreyber aus Erfurt, genannt Grammateus (Algorismus, Bd. 20). München 1996, 13–22

Birgit Freyni: Ein Blick nach Erfurt. Die Rechenbücher von Adam Ries und Heinrich Schreiber (Grammateus), in: Edith Feistner und Alfred Holl (Hgg.): Erzählen und Rechnen in der frühen Neuzeit (Regensburger Studien zur Literatur und Kultur des Mittelalters, Bd. 1). Münster 2016, 179-198

Rainer Gebhardt (Hg.): Rechenbücher und mathematische Texte der frühen Neuzeit (Schriften des Adam-Ries-Bundes, Bd. 11). Annaberg-Buchholz 1999

– Die gedruckten Bücher von Adam und Isaak Ries (Quellen zum Leben und Wirken Adam Ries' und seiner Söhne, Bd. 5). Annaberg-Buchholz 2017

Martin von Hase: Die in Erfurt von Mathes Maler und Melchior Sachse gedruckten Ausgaben der Rechenbücher von Adam Riese. In: Gutenberg-Jahrbuch 12, 1937, 121–123

Eva Lembcke: Rechenung auff der linihen. Bericht über Fund und Restaurierung einer berühmten Rarität. Hamburg 1991

Willy Roch: Adam Riese. Ein Lebensbild des großen Rechenmeisters. Frankfurt 1959 (Neuausgabe: Adam Ries. Leipzig 1992)

Peter Rochhaus: Adam Ries. Vater des modernen Rechnens. Erfurt 2008

Bernd Rüdiger: Adam Ries. Leben und Wirken des bedeutendsten deutschen Rechenmeisters. Annaberg-Buchholz 2017

– / Wolfgang Lorenz: Quellen zu Adam Ries (Quellen zum Leben und Wirken Adam Ries' und seiner Söhne, Bd. 1). Annaberg-Buchholz 2009, dazu Registerband ebd. 2012

– Quellen zu Abraham Ries und dessen Kindern (Quellen zum Leben und Wirken Adam Ries' und seiner Söhne, Bd. 2). Annaberg-Buchholz 2013

– Quellen zu Adam Ries' Kindern (Quellen zum Leben und Wirken Adam Ries' und seiner Söhne, Bd. 4). Annaberg-Buchholz 2013

Schatzkammer der Rechenkunst. Historische Rechenbücher im Adam-Ries-Museum (Schriften des Adam-Ries-Bundes, Bd. 20). Annaberg-Buchholz 2008

Hans Wussing: Adam Ries (Biographien hervorragender Naturwissenschaftler, Techniker und Mediziner, Bd. 89). Leipzig 1989

www.adam-ries-bund.de
www.adam-ries-museum.de

Aufgabenkonkordanz Erstes / Zweites Rechenbuch

1	22	34	44	67	78	100	110
2	23	35	45	68	79	101	111
3	16	36	71	69	80	102	112
4	24	37	72	70	81	103	113
5	28	38	46	71	82	104	114
6	21	39	26	72	83	105	115
7	25	40	27	73	84	106	120
8	29	41	41	74	85	107	121
9	73	42	30	75	87	108	122
10	74	43	31	76	88	109	123
11	35	44	34	77	89	110	124
12	36	45	61	78	90	111	131
13	40	46	62	79	91	112	133
14	39	47	63	80	92	113	134
15	42	48	64	81	93	114	135
16	75	49	65	82	94	115	137
17	37	50	66	83	95	116	148
18	38	51	67	84	96	117	155
19	1	52	68	85	97	118	156
20	3	53	69	86	98	119	157
21	50	54	70	87	99	120	158
22	47	55	–	88	100	121	159
23	2	56	53	89	101	122	160
24	3	57	54	90	102	123	161
25	51	58	55	91	103	124	162
26	52	59	56	92	104	125	176
27	17	60	32	93	105	126	177
28	18	61	57	94	109	127	178
29	19	62	76	95	106	128	179
30	20	63	58	96	107	129	180
31	48	64	59	97	108	130	186
32	49	65	77	98	142		
33	43	66	60	99	143		